Beobachten & Erforschen

Das WETTER
& NATURKATASTROPHEN

arsEdition

Inhalt

Vorwort

Schön und schaurig zugleich: Eine Gewitterfront zieht auf.

Wenn du wissen willst, ob du morgen zum Baden gehen kannst oder ob du einen Regenschirm mit in die Schule nehmen musst, dann schaust du dir den Wetterbericht im Fernsehen, in der Zeitung oder im Internet an. Schließlich willst du nicht nass werden, schwitzen oder frieren! Das Wetter bestimmt unser tägliches Leben, und wir müssen uns darauf einrichten, weil wir es nicht verändern können. Doch wer »macht« denn eigentlich das Wetter? Wie entstehen auf der Erde Hitze und Kälte, Regen und Schnee? Vereinfacht lautet die Antwort: Die Sonne, die Drehung der Erde, der Wasserkreislauf in der Atmosphäre und die Temperaturunterschiede auf der Erde sind »schuld« am Wetter. Sie alle wirken in einem Zusammenspiel, das Naturgesetzen folgt und sehr kompliziert ist.

Naturkatastrophen sind im Grunde für die Natur meist gar nichts Besonderes. Viele davon, wie tropische Wirbelstürme oder Lawinen, Erdbeben und Vulkanausbrüche, gehören zu den ganz normalen Vorgängen auf dem Planeten Erde. Zur Katastrophe für uns werden sie erst, wenn Menschen dabei Schaden nehmen. So gehen beispielsweise in den Alpen in jedem Winter hunderte von Lawinen nieder, aber die allermeisten davon bleiben unbemerkt und unbeachtet, weil an diesem Hang keine Häuser oder Straßen stehen und in diesem Moment niemand dort unterwegs ist. Wir unterscheiden zwischen wetterbedingten und geologischen Naturkatastrophen: Während die einen mit dem Wetter zu tun haben (z. B. Sturmflut, Dürre), werden die anderen durch Vorgänge in der Erdkruste verursacht (z. B. Vulkanausbruch, Erdbeben).

Dieses Buch will dir erklären, wie das Wetter funktioniert und warum es Naturkatastrophen gibt. Du findest interessante Experimente und Beobachtungsaufgaben, die dir helfen, die komplizierten Zusammenhänge besser zu verstehen. Dabei gibt es viel Interessantes zu entdecken.

Viel Spaß dabei!

Wetter

Wer Wolken »lesen« kann, weiß, wie das Wetter wird!

Was ist Wetter, was ist Klima?

Mit »Wetter« bezeichnen wir den Zustand der Atmosphäre (siehe rechts) an einem bestimmten Ort und zu einem bestimmten Zeitpunkt. »Klima« nennen wir den Ablauf des Wettergeschehens, so wie er – über einen längeren Zeitraum gesehen – in einem Gebiet typisch ist.

Die Wissenschaftler – Meteorologen, Geologen und Biologen – teilen die Erde in Klimazonen ein (siehe Seite 10). Diese beschreiben die Lebensbedingungen in den jeweiligen Regionen der Erde. Oft wird dabei zwischen der nördlichen und der südlichen Halbkugel (= Hemisphäre) unterschieden, denn auf der Nordhalbkugel befindet sich mehr Land und auf der Südhalbkugel mehr Wasser – wodurch Klima und Wetter beeinflusst werden.

Die Erdatmosphäre

Die Erde ist von einer Hülle aus Gasen umgeben, der Atmosphäre, die etwa 500 km dick ist. Ohne sie wäre die Erde kalt und unbewohnbar. Sie hält einen großen Teil der schädlichen UV-Strahlen der Sonne zurück, schützt uns also vor Verbrennung. Gleichzeitig verhindert sie, dass wir

Die Atmosphäre ist im Vergleich zum Durchmesser der Erde sehr dünn. Wäre die Erde ein Apfel, hätte sie nur die Dicke seiner Schale! (Dicke der Atmosphäre: 500 km, Durchmesser der Erde: 12 000 km)

erfrieren, denn sie hält die Wärme fest und sorgt für eine gleichmäßige Durchschnittstemperatur auf der Erde. Diese beträgt +15 °C, ohne Atmosphäre wären es –18 °C! In der Atmosphäre steckt auch der Sauerstoff, den alle Lebewesen zum Atmen brauchen. Vom Erdboden bis zur Obergrenze wird

Die Atmosphäre, die die Erde umgibt, ermöglicht erst das Leben auf der Erde – und ist der Raum, in dem sich das Wetter abspielt.

die Luft in der Atmosphäre immer kälter und immer »dünner«, d.h., der Gehalt an Sauerstoff (und der Gehalt aller anderen Gase) nimmt ab. Schon in 10 km Höhe über dem Boden ist die Luft so dünn und so kalt, dass wir dort nicht mehr leben könnten. In dieser untersten Schicht von ca. 10 km – der Troposphäre – spielt sich auch das Wetter ab: das Zusammenspiel aus Wolken, Niederschlag, Wind und Sonne.

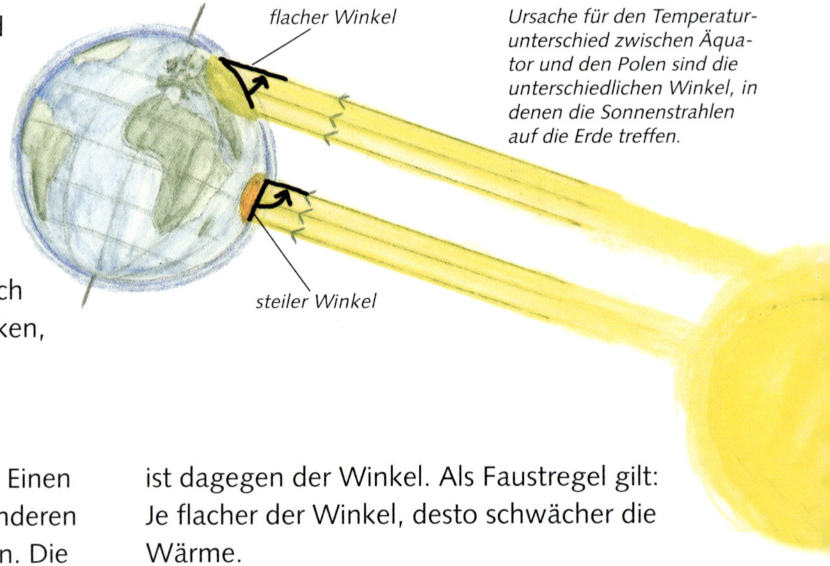

Ursache für den Temperaturunterschied zwischen Äquator und den Polen sind die unterschiedlichen Winkel, in denen die Sonnenstrahlen auf die Erde treffen.

Die Sonnenstrahlen

Die Strahlen der Sonne sind unterschiedlich: Einen Teil der Strahlen sehen wir als Licht, einen anderen Teil, die UV-Strahlen, können wir nicht sehen. Die wärmenden Strahlen entstehen erst, wenn ein weiterer Teil der Strahlen beim Auftreffen auf die Erde zurückgeworfen (= reflektiert) und dabei in Wärmestrahlen umgewandelt wird. Das geht nur, weil die Atmosphäre da ist! Sonnenstrahlen, die durch das Weltall wandern, sind nicht warm. Und Luft allein wird von den Sonnenstrahlen auch kaum erwärmt, wenn sie nicht vorher reflektiert worden sind.

Wie stark diese Wärmestrahlen wirken, hängt unter anderem davon ab, in welchem Winkel die Strahlen auftreffen. Weil die Erde rund ist, treffen sie nicht überall gleichmäßig auf. Am Äquator, also in der »Mitte« der Erde, treffen sie mittags senkrecht auf. Je näher es an die Pole geht, umso flacher ist dagegen der Winkel. Als Faustregel gilt: Je flacher der Winkel, desto schwächer die Wärme.

Der Äquator ist rund 6000 km näher an der Sonne als die Pole. Dieser Unterschied ist bei einem Gesamtabstand von 150 Millionen km zu klein, um einen Unterschied in der Wärme zu bewirken.

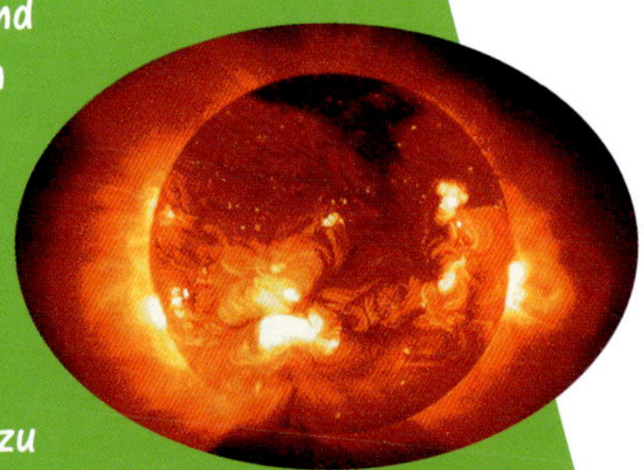

Die Jahreszeiten

Die Drehung der Erde um sich selbst und um die Sonne bewirkt, dass verschiedene Regionen der Erde mal zur Sonne hin und mal von ihr weg zeigen. So entstehen Tag und Nacht. Die Jahreszeiten haben damit zu tun, dass die Erde »schief« zur Sonne steht. Denn die Achse, um die sich die Erdkugel um sich selbst dreht, ist im Verhältnis zur Sonne nicht gerade, sondern geneigt, und zwar um 23,5 Grad.

Dadurch wird die Erdkugel im Jahresverlauf ungleichmäßig von der Sonne beschienen – oder anders ausgedrückt: Verschiedene Bereiche der Erde bekommen im Lauf des Jahres unterschiedlich viel Sonnenlicht ab. Am stärksten sind diese Unterschiede an den Polen, am Äquator sind sie kaum spürbar (siehe Abbildung).

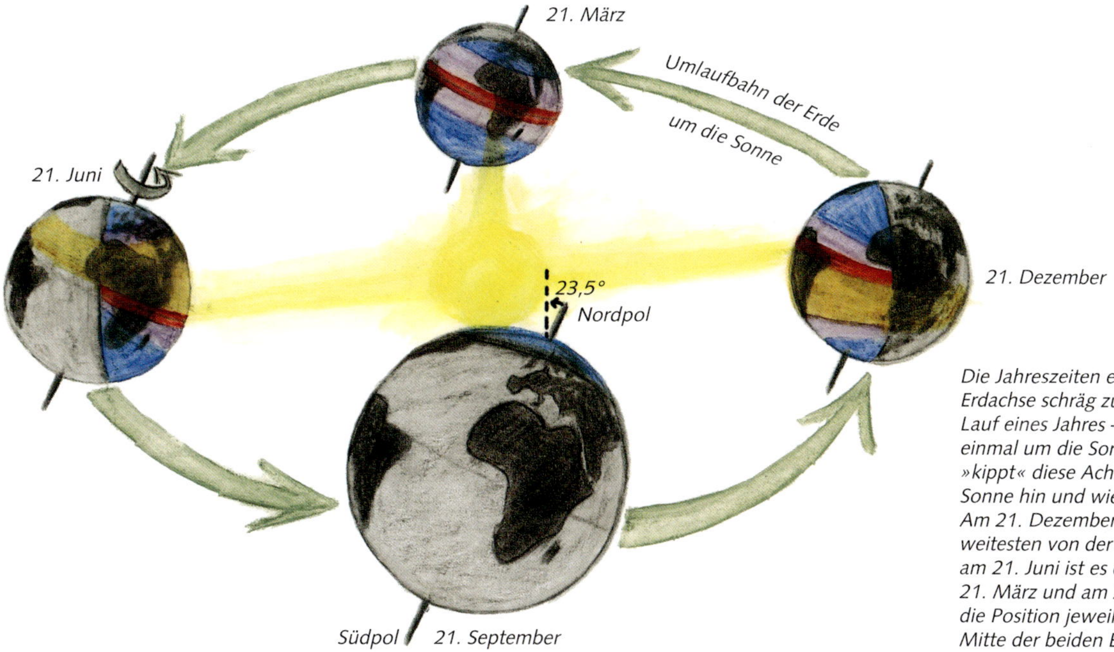

Die Jahreszeiten entstehen, weil die Erdachse schräg zur Sonne steht. Im Lauf eines Jahres – während die Erde einmal um die Sonne wandert – »kippt« diese Achse abwechselnd zur Sonne hin und wieder von ihr weg: Am 21. Dezember ist der Nordpol am weitesten von der Sonne abgewandt, am 21. Juni ist es der Südpol. Am 21. März und am 21. September ist die Position jeweils genau in der Mitte der beiden Extreme.

Die Klimazonen der Erde

Die geografische Breite eines Gebietes auf der Erde sagt schon sehr viel über das Klima und das Wetter in dieser Region aus. Deshalb wird die Erde entsprechend ihren Breitengraden in Klimazonen eingeteilt (siehe Abbildung). Zu jeder Klimazone gehört eine typische Vegetation (= die Gesamtheit der Pflanzen, die in einem Gebiet vorherrschend wachsen). Denn die vielen Pflanzenarten, die es auf der Erde gibt, sind ganz unterschiedlich an bestimmte Wetter- und Umweltbedingungen ange-

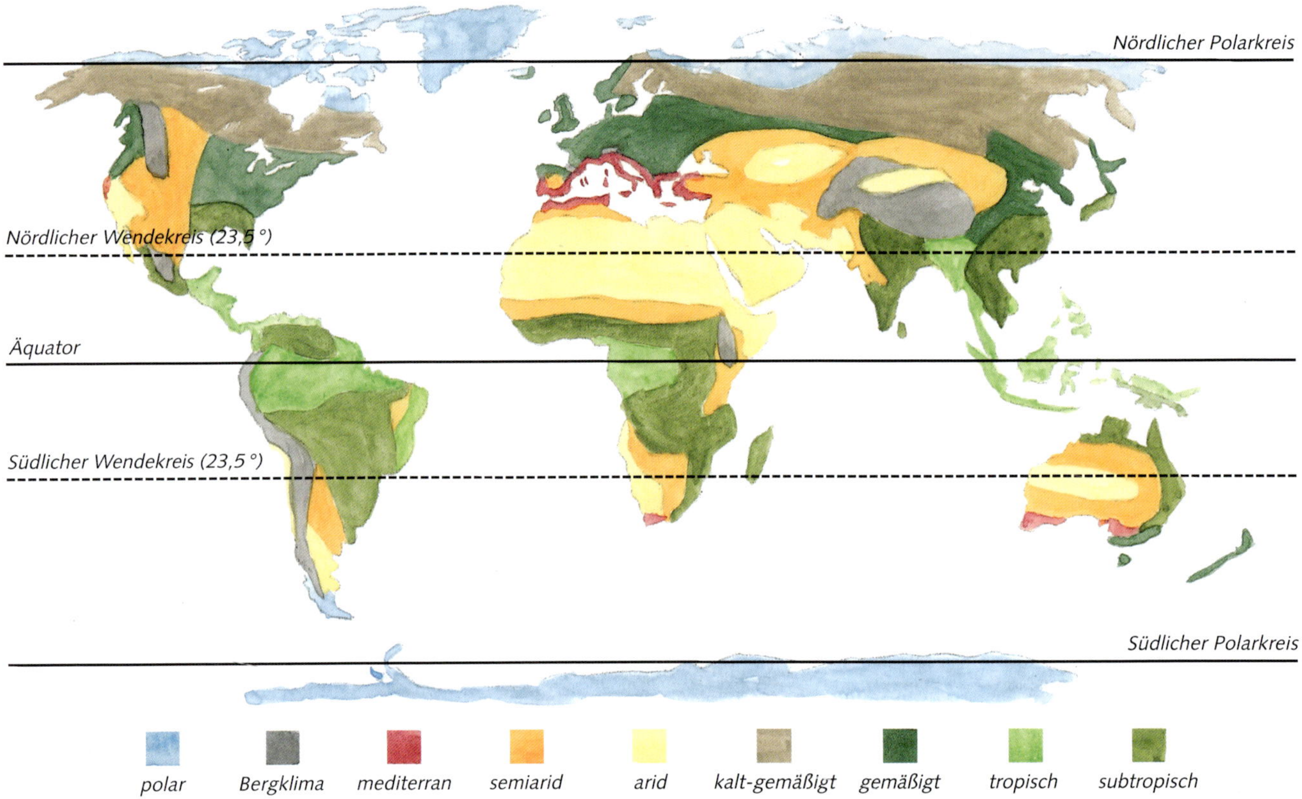

Die Klimazonen der Erde sind nicht streng voneinander abgegrenzt, sondern gehen allmählich ineinander über.

passt. Umgekehrt beeinflusst die Vegetation auch wieder das Klima. So verdunsten die Regenwälder am Äquator so viel Wasser, dass sich immer wieder neue Wolken bilden und sich wieder abregnen. Über einer pflanzenarmen Wüste dagegen ist die Luft so trocken, dass sich kaum Wolken bilden können.

Tropisches Klima

Am Äquator steht die Sonne das ganze Jahr über mehr oder weniger senkrecht. Deshalb ist es hier immer mindestens 18 °C warm, und es gibt keine großen Temperaturunterschiede, also keine Jahreszeiten wie bei uns. Die Tages- und Nachtlänge ist mit jeweils ca. 12 Stunden das ganze Jahr über fast immer gleich. Es regnet viel und über das Jahr mehr oder weniger gleichmäßig.
Vegetation: Regenwälder, d. h. üppig und dicht wachsende Wälder mit vielen verschiedenen Pflanzen- und Tierarten.

Subtropisches Klima

An den Äquator grenzen nördlich und südlich die Subtropen an (von lat. sub = darunter). Hier ist die Temperatur kaum niedriger als in den Tropen. Es gibt zwei Jahreszeiten: die Regenzeit im Sommer und die Trockenzeit im Winter. Die Temperatur schwankt zwischen diesen beiden Jahreszeiten nur um wenige Grad.
Vegetation: Regenwälder und Nebelwälder (= Wälder, in denen durch das Abkühlen der feuchten Luft viele bodennahe Wolken entstehen).

Arides Klima (trockenes Wüstenklima)

Es entsteht, wenn pro Jahr weniger als 250 mm Regen fällt und durch hohe Temperaturen mehr Wasser verdunstet, als Niederschlag auf die Erde fällt. Weil die Luft sehr trocken ist, sind die Temperaturunterschiede zwischen Tag und Nacht sehr groß.

Es gibt nur wenig Niederschlag im Winter, im Sommer regnet es oft über Monate überhaupt nicht. Die Sommer sind heiß (bis über 30 °C), die Winter kühl bis ca. 10 °C.
Vegetation: Die Pflanzen der Wüsten und Halbwüsten, d. h. speziell angepasste Pflanzen wie Kakteen.

Semiarides Klima (halbtrockenes Klima)

Die Temperatur ist das ganze Jahr über ähnlich hoch wie im ariden Klima, aber sie schwankt weniger stark (von lat. semi = halb). Niederschläge fallen vor allem im Sommer und sind stärker als im ariden Klima; manchmal regnet es aber auch lange Zeit gar nicht.

Vegetation: Savanne (= große Grasflächen). Gras übersteht Trockenperioden besser als Blumen, Sträucher oder Bäume.

In Halbwüsten – wie hier in Arizona (Nordamerika) – wachsen Pflanzen, die Hitze und Trockenheit gut aushalten können.

Mediterranes Klima (auf der Nordhalbkugel: Mittelmeerklima)

Hier gibt es vier Jahreszeiten, mit heißen, trockenen Sommern und milden Wintern ohne Frost und mit viel Niederschlag. Dieses Klima haben wir in Europa vor allem an den Mittelmeerküsten. Die Tage sind im Sommer länger als im Winter.

Vegetation: Buschwald und einjährige Pflanzen. Deren Samen überdauern den trockenen Sommer und treiben aus, sobald der Winterregen kommt.

Gemäßigtes Klima

Hier gibt es vier deutlich verschiedene Jahreszeiten. Die Winter sind an den Küsten mild und im Landesinneren kalt mit tiefem Frost und Schnee. Der Niederschlag ist im Jahresverlauf ziemlich gleichmäßig. Die Tage sind im Sommer deutlich länger als im Winter.

Vegetation: Laubabwerfende Wälder

Laub- und Mischwälder sind das Kennzeichen der gemäßigten Klimazonen.

Kalt-gemäßigtes Klima (boreales Klima)

Die Winter sind lang und sehr kalt. Die Sommer sind kurz, können aber mit bis zu 20 °C noch relativ warm werden. Es gibt mäßige Niederschlagsmengen, im Sommer etwas mehr. Der tiefere Boden ist immer gefroren (= Permafrostboden), die oberen Bodenschichten tauen im Frühjahr auf und sind dann sumpfig.
Vegetation: Nadelwälder

Polares Klima

Hier ist es das ganze Jahr über sehr kalt (–40 °C und darunter), auch in den wärmsten Monaten klettert das Thermometer nur wenige Grad über null. Das Sommerhalbjahr hat sehr lange Tage, im Hochsommer wird es überhaupt nicht richtig dunkel. Umgekehrt ist das Winterhalbjahr fast eine einzige lange Nacht. Übers Jahr fällt nur wenig Niederschlag, ausschließlich als Schnee.

Der nördliche Polarkreis markiert die Klimagrenze, ab der keine Bäume mehr wachsen. Diese Grenze ist jedoch fließend.

Vegetation: Sehr wenig und nur stellenweise, nur Spezialisten wie Flechten und Gräser.

Weitere Klimatypen

Kontinentales Klima herrscht im Landesinneren der gemäßigten Zonen. Hier können die Sommer sehr warm werden, die Winter sehr frostig. Häufig (aber nicht immer) ist es im Winter eher trocken und die Sommer sind ziemlich niederschlagsreich.

Ozeanisches oder Küstenklima dagegen findest du an Küsten und in Meeresnähe. Weil die großen Wassermassen sich im Winter langsamer abkühlen und im Sommer langsamer erwärmen als das feste Land, ist hier die Temperatur ausgeglichener, d. h., die Sommer sind mäßig warm und die Winter mild (mit mehr Regen als Schnee). Beim Küstenklima sind wegen der Meeresnähe die Niederschläge das ganze Jahr über häufiger als im Landesinneren, und es gibt hier mehr Wind, der erst auf dem Festland nach und nach gebremst wird.

In den Gebirgen hast du es mit **Bergklima** zu tun. Hier herrschen große Temperaturunterschiede vor, nicht nur zwischen Tag und Nacht, sondern auch von Ort zu Ort. Mit zunehmender Höhe wird die Sonnenstrahlung wegen der dünneren Atmosphäre immer stärker, zugleich wird es immer kälter. Das Wetter im Gebirge ist sehr wechselhaft und kann sich in kürzester Zeit verändern.

Der Wasserkreislauf auf der Erde

Du kannst das Wetter viel leichter verstehen, wenn du ein paar Eigenschaften des Wassers kennst:

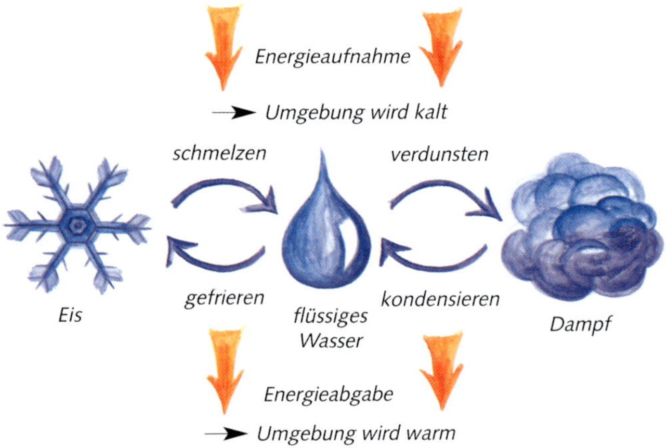

Immer wenn Wasser seinen Aggregatzustand ändert, wird dabei entweder Energie aus der Umgebung entzogen oder an sie abgegeben.

Verdunstungsenergie

Das Verdunsten von Wasser ist ein Vorgang, der viel Energie braucht. Diese holt sich das Wasser als Wärme aus der Umgebung (Wärme ist eine Form von Energie). Wenn Wasser verdunstet, wird deshalb seine unmittelbare Umgebung kälter. Diese Wärmeenergie »steckt« nun im Wasserdampf.
Sie wird wieder freigesetzt, wenn sich der Wasserdampf wieder verflüssigt (= kondensiert). Das heißt: Die Umgebung wird wärmer. Das ist im ersten Moment schwer zu verstehen, aber wenn du später etwas über Wolkenbildung liest, kannst du es dir besser vorstellen (siehe nächste Seite).

Die Aggregatzustände des Wassers

Wie alle natürlichen Stoffe kann Wasser drei verschiedene Formen (= Aggregatzustände) haben: fest, flüssig oder gasförmig. Die Grenze zwischen fest und flüssig (Eis – Wasser) ist der Gefrierpunkt bei 0 °C. Die Grenze zwischen flüssig und gasförmig (Wasser – Wasserdampf) ist der Siedepunkt bei 100 °C.

Warme Luft kann mehr Wasser(dampf) aufnehmen als kalte

Wenn warme Luft viel Feuchtigkeit enthält, dann muss sie das Wasser »loslassen«, sobald sie abkühlt. Umgekehrt kann trockene, kalte Luft mehr und mehr Wasser »verschlucken«, je wärmer sie wird. Die meisten Menschen empfinden warme Luft, die viel Feuchtigkeit enthält, als unangenehm. Eine solche Luft nennen wir schwül.

Der Kreislauf aus Wolken und Niederschlag

Weil sich auf der Erde von Ort zu Ort ständig die Temperaturen ändern, ändert sich auch ständig der Zustand des Wassers: Es verdunstet und kondensiert, gefriert und taut – dieses ständige Wechselspiel zwischen den Aggregatzuständen des Wassers in der Erdatmosphäre bestimmt unser Wetter. Die Sonneneinstrahlung lässt das Wasser auf der Erde verdunsten – am meisten natürlich über den Meeren, doch auch ein dichter Pflanzenwuchs, wie z. B. die tropischen Regenwälder, gibt große Mengen Wasser an die Atmosphäre ab. Der Wasserdampf steigt auf. Dabei kühlt er ab, denn mit zunehmendem Abstand von der Erdoberfläche wird es immer kälter. Irgendwann kondensiert deshalb der Dampf und bildet Wolken: Sie bestehen aus vielen winzigen Wassertröpfchen, bei einer Temperatur von unter 0 °C aus feinsten Eiskristallen. Wolken können also aus Wasser oder aus Eis bestehen.

Ob und wann das Wasser einer Wolke als Niederschlag wieder zur Erde fällt, hängt von vielen Dingen ab. Vereinfacht kann man sagen: Es regnet oder schneit, wenn die Regentropfen bzw. Eiskristalle in der Wolke »zu schwer« werden. Die Art des Niederschlags hängt von den Temperaturen und von der Höhe der Wolke ab. Die Meteorologen unterscheiden drei Niederschlagsarten: fest (Schnee, Hagel, Graupel), flüssig (Regen) und gefrierend (gefrierender Regen oder Eisregen, siehe Seite 42).

Wie groß sind Regentropfen?
Ein Regentropfen misst im Durchschnitt einen halben Millimeter im Durchmesser. Die Tropfen von Nieselregen sind kleiner, sie werden nur 0,1 bis 0,2 mm groß.

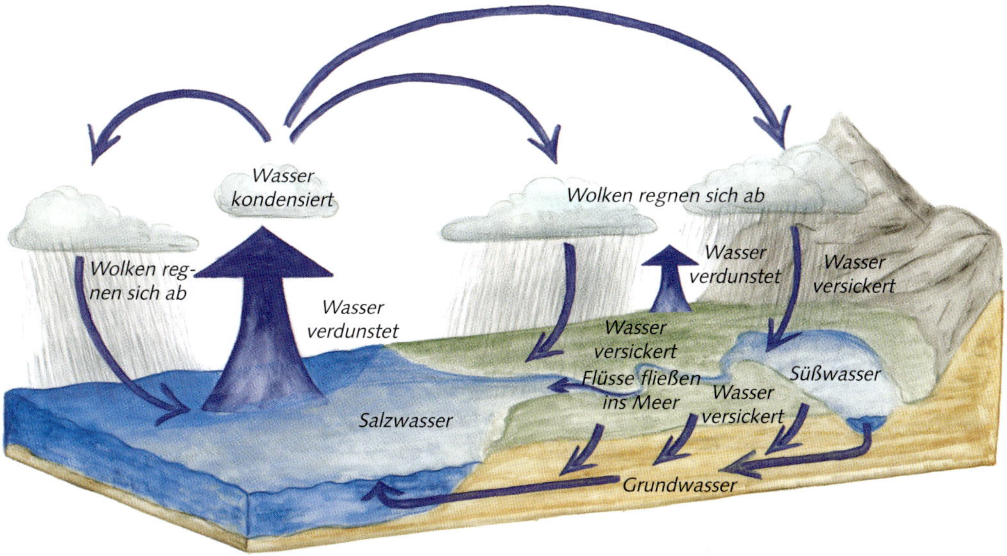

Das Wasser ist in einem ununterbrochenen Kreislauf zwischen Erde und Atmosphäre unterwegs.

Wolken lesen

Am Aussehen der Wolken kannst du schon viel über das Wetter ablesen. Doch dies allein genügt noch nicht. Wer es genau wissen will, der muss die Wolkenbildung über einen längeren Zeitraum beobachten. Je öfter du das machst, umso besser lernst du das Wetter und seine Zeichen kennen!

Man unterscheidet **tiefe Wolken** (bis 2000 m hoch über der Erde), **mittelhohe Wolken** (2000 bis 5000 m) und **hohe Wolken** (über 5000 m). Je nach Form und Gestalt wird dann weiter unterschieden. Die wichtigsten Wolkennamen sind:

- **Alto:** mittelhohe Wolke (vom lateinischen altus = hoch)
- **Cirrus:** hohe Eiswolke (lat. cirrus = Fransen)
- **Cumulus:** Haufenwolken (lat. cumulus = Haufen)
- **Nimbus:** Regenwolken (lat. nimbus = Unwetterwolke)
- **Stratus:** dichte, gleichmäßige Wolkenschicht, meist relativ flach (lat. stratum = Decke)

Auf den folgenden Bildern findest du einige Beispiele für Wolkentypen und was sie bedeuten.

Schäfchenwolken (Altocumulus) sind häufig die Vorboten von Schlechtwetterfronten. Wenn der Himmel so aussieht, könnte es schon Stunden später anfangen zu regnen – hier oder in der näheren Umgebung.

Kleine Cumuluswolken (Cumulus humilis) über dem Meer bedeuten sonniges Hochdruckwetter – das, was wir als »schönes Wetter« bezeichnen.

Dichte Cumuluswolken, die auf einer Luftschicht »aufschwimmen« (Cumulus congestus), kann man oft nach einer durchgezogenen Kaltfront sehen. Eine solche Wetterlage nennt man »Rückseitenwetter«.

Solche »Schlieren« sind Eiswolken in großer Höhe, die Cirren. Sie tauchen auf, wenn die Warmfront in großer Höhe bereits angekommen ist, auf dem Boden aber noch nicht. Meist dauert es jetzt noch ein bis zwei Tage, bis es regnet.

Diese immer dichter werdende Decke von Cumulonimbus-Wolken ist zu sehen, wenn sich eine Warmfront nähert. Innerhalb der nächsten Stunden bzw. ein bis zwei Tage wird es regnen.

In den Stunden vor einem Gewitter türmen sich die Cumuli immer höher auf, weil warme, feuchte Luft nach oben gezogen wird. Man nennt diese Wolkenform auch Amboss oder Cumulonimbus.

Diese Wolkenform nennt man Föhnlinse (Cumulus lenticularis). Sie entsteht bei Föhn (siehe Seite 22): Vom Gebirge angehobene Luft kondensiert, sinkt weiter »stromabwärts« wieder ab und steht dabei wie die Bugwelle eines fahrenden Schiffes an einer Stelle fest.

Der Kreislauf der Meeresströmungen

Auch in den Meeren ist das Wasser ständig in Bewegung. Strömungen aus kaltem und warmem Wasser und aus Wassermassen, die mehr oder weniger Salz enthalten, bilden Kreisläufe. Der größte Strömungskreislauf ist der Golfstrom. Kaltes Wasser ist schwerer als warmes und enthält mehr Salz. Es fließt tief unten im Atlantik nach Süden. Dort, in Äquatornähe, wird es wärmer und steigt deshalb an die Oberfläche auf. Diese warmen Strömungen fließen wieder zurück in den Nördlichen Atlantik, wo sie abkühlen und wieder nach unten sinken. Der Kreislauf schließt sich. Würde man ein einzelnes Wasserteilchen auf dieser Reise verfolgen, so würde diese zwischen 500 und 2000 Jahren dauern!

Länder, an denen der Golfstrom vorbeifließt, bekommen einiges von der Wärme des Wassers ab. So kommt es, dass z. B. an den Westküsten von Irland und England die Winter im Durchschnitt weniger kalt und frostig sind als auf dem europäischen Festland – obwohl England und Irland nördlicher liegen. Der Golfstrom wird auch »die Fernheizung Europas« genannt, denn er hält die Westküsten dieser Länder so warm, dass dort sogar Palmen, Bambus und andere Pflanzen wachsen, die wir sonst nur aus südlichen Ländern kennen!

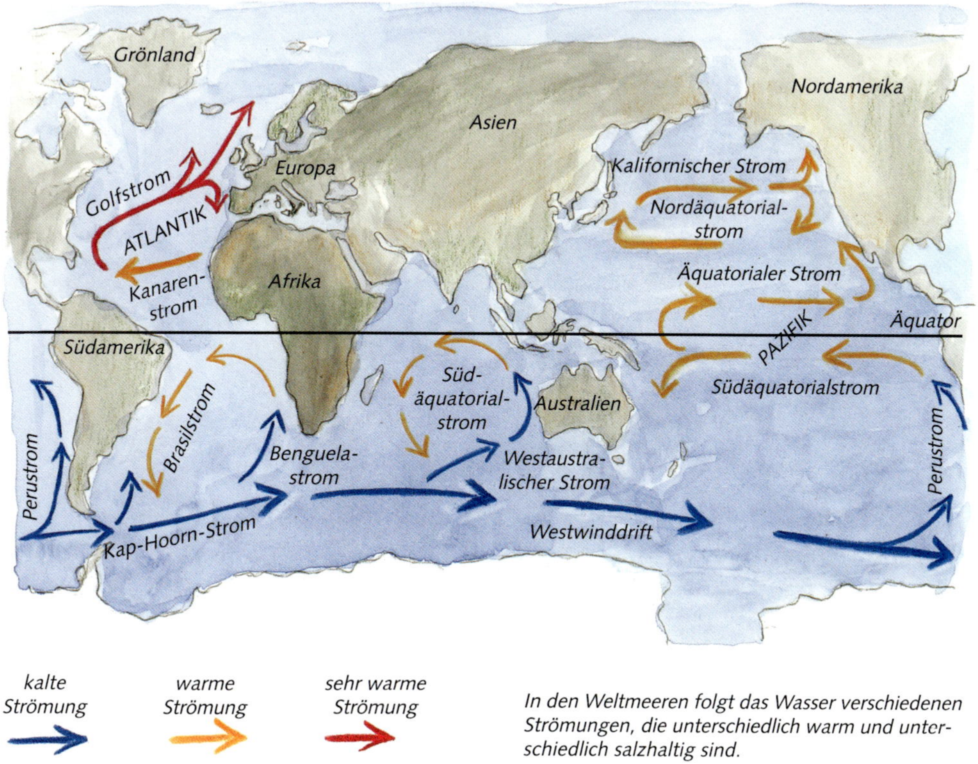

In den Weltmeeren folgt das Wasser verschiedenen Strömungen, die unterschiedlich warm und unterschiedlich salzhaltig sind.

Luftdruck und Wind

Man benennt einen Wind immer nach der Richtung, aus der er weht, d. h., Südwind kommt aus Süden und weht nach Norden, usw.

Luft kann unterschiedlich »schwer« sein, das heißt: Sie kann einen unterschiedlich hohen Druck ausüben. Dazu musst du dir eine Säule aus Luft vorstellen, die über einer Fläche steht und auf diese mit ihrem Gewicht drückt. Je näher an der Erdoberfläche dies ist, umso mehr Luft drückt auf die Fläche: Der Luftdruck ist hoch. Weil die Atmosphäre nach oben immer dünner wird, drückt mit zunehmender Entfernung von der Erdoberfläche immer weniger Luft auf die Fläche: Der Luftdruck wird immer niedriger. Ob Luft schwer oder leicht ist, hängt aber auch mit der Temperatur zusammen. Wie alle Stoffe dehnt sich auch Luft umso mehr aus, je wärmer sie ist. Sie wird leichter und erzeugt weniger Druck. Kalte Luft dagegen »zieht sich zusammen« und wird dadurch schwerer, erzeugt also höheren Luftdruck.

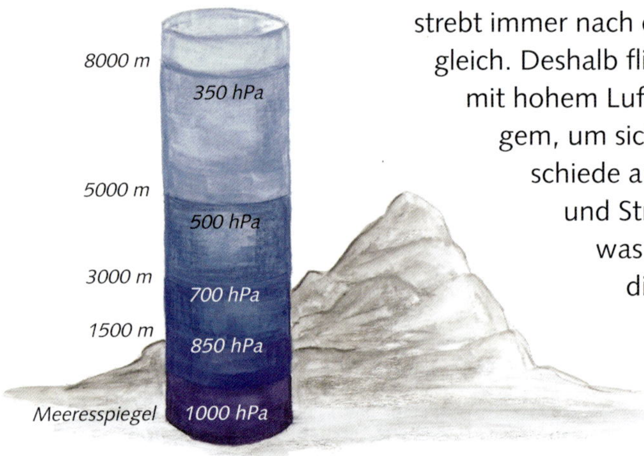

Die Luftsäule ist ein Modell, mit dem wir den Luftdruck erklären. Je »dünner« die Luft, desto geringer der Luftdruck. Er wird in Hektopascal (hPa) gemessen. Außerhalb der Erdatmosphäre beträgt der Luftdruck null, auf Meereshöhe etwa 1000 hPa.

Auf der Erde herrschen überall große Temperaturunterschiede, weil die Erdoberfläche ganz unterschiedlich erwärmt wird. So entstehen über die ganze Erde verteilt Gebiete mit unterschiedlich hohem Luftdruck. Diese bleiben aber nicht einfach so nebeneinander liegen, sondern sie bewegen sich in der Atmosphäre fort – nicht zufällig und willkürlich, sondern nach einem festen Naturgesetz: Die Natur strebt immer nach einem Gleichgewicht, nach Ausgleich. Deshalb fließen immer die »Luftpakete« mit hohem Luftdruck zu solchen mit niedrigem, um sich zu mischen und so die Unterschiede auszugleichen. Dieses Fließen und Strömen der Luftmassen ist das, was wir Wind nennen. Je größer die Temperaturunterschiede sind, umso heftiger wird das Strömen – bis hin zum Sturm und Orkan. Eine Böe nennen wir einen kurzen, besonders heftigen Windstoß, der innerhalb des Windes plötzlich auftreten kann.

Der Wind im Großen

Durch das Zusammenwirken von ungleichmäßiger Erwärmung und Erddrehung entstehen in den Klimazonen (siehe Seite 10) ganz bestimmte großräumige Luftbewegungen, die die Meteorologen globale Windsysteme oder Zellen nennen.

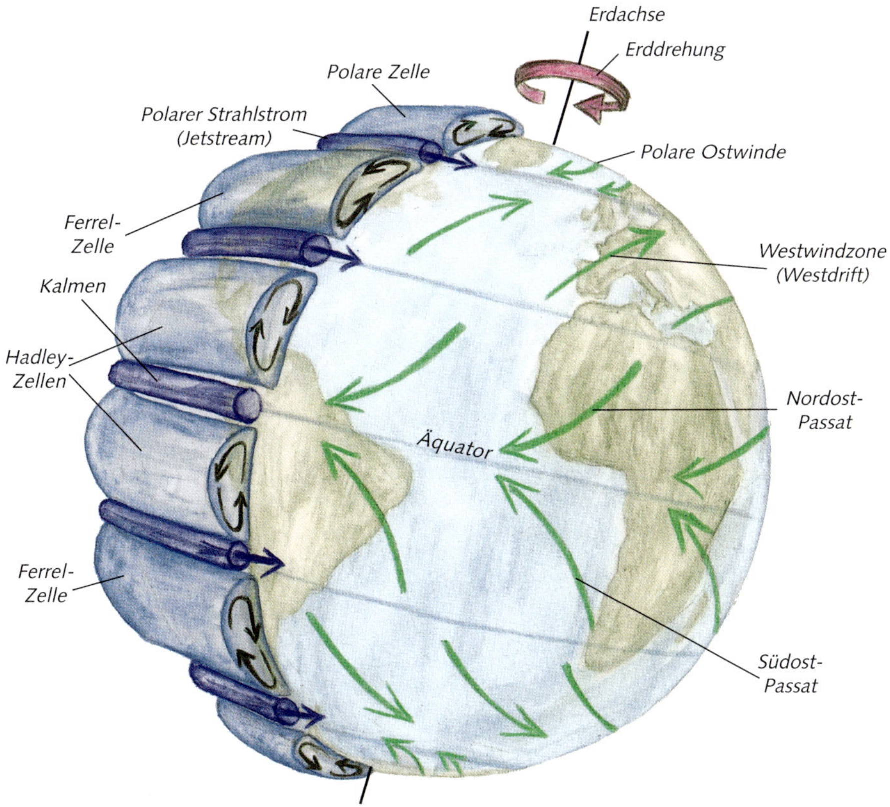

Hadley-Zellen
Am Äquator steigt warme Luft in die Höhe. Sie kühlt sich ab und sinkt bei etwa 30° nördlich und südlich des Äquators, in den Subtropen, wieder zu Boden. Dieser Kreislauf heißt Hadley-Zelle.

Passatzonen
Ein Teil dieser Luft strömt wieder zurück zum Äquator, diese Strömung heißt Passatwind. Wegen der Erddrehung weht der Passat nicht gerade, sondern schräg: auf der Nordhalbkugel aus nordöstlicher Richtung, auf der Südhalbkugel aus südöstlicher.

Kalmen
Kurz vor dem Äquator kommen die Passatwinde zur Ruhe – hier herrscht Windstille (aber durch die aufsteigende Luft regnet es sehr viel).

Ferrel-Zellen
Der andere Teil der Luft vom Äquator strömt in die andere Richtung, zu den Polen, und steigt bei etwa 60 °C Nord und Süd wieder in die Höhe. Auch hier bildet sich ein Kreislauf.

Polare Zelle
Über den kalten Polen sinkt kalte, trockene Luft zu Boden, fließt in Richtung Äquator und steigt auf, wenn sie mit den Ferrel-Zellen »zusammenstößt«.

Strahlströme
In der oberen Atmosphäre gibt es an einigen Stellen Bänder von Starkwinden, die Strahlströme oder Jetstreams. Zwei davon wehen z. B. nahe an den Polen in einer Höhe von 6000 bis 12 000 m – je nach Wetterlage – mit bis zu 600 km/h! Verkehrsflugzeuge nutzen die Strahlströme, um mit diesem »Rückenwind« schneller und mit weniger Treibstoffverbrauch ans Ziel zu kommen.

Der Wind im Kleinen

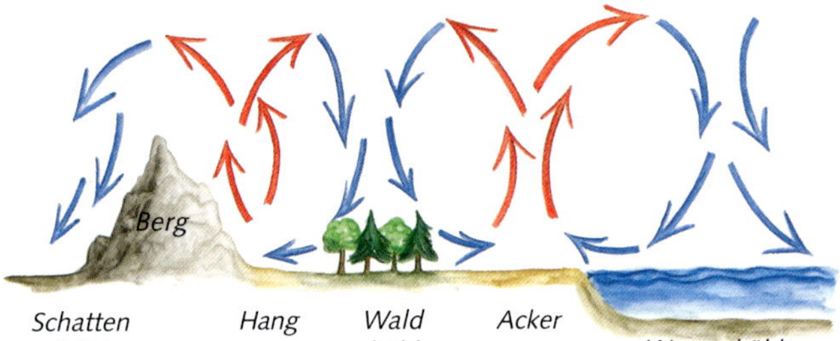

Das Relief der Erde bremst oder beschleunigt Winde, die Temperaturunterschiede beeinflussen ebenfalls die Luftströmungen.

Im Kleinen werden Luftbewegungen stark beeinflusst von der Oberfläche (= dem Relief) der Erde (siehe Abbildung oben). Über eine Meeresfläche z. B. kann der Wind ungehindert wehen. Von Hügeln und Bergen aber wird er aufgehalten oder abgelenkt. So entstehen kleinräumige Windsysteme, wie z. B. der Föhn, siehe Abbildung (unten links) und Foto (rechts). Bei uns kommt Föhn im Voralpenland vor, wenn in Mitteleuropa Südwind weht. Bei Nordwind gibt es Föhn auf der Südseite der Alpen, in Italien. Ähnliche Winde, die typisch für eine Region sind, gibt es auf der ganzen Welt, z. B. den Schirokko in Algerien und Tunesien, den Chinook in Kanada und Nordamerika und den Mistral in Südfrankreich.

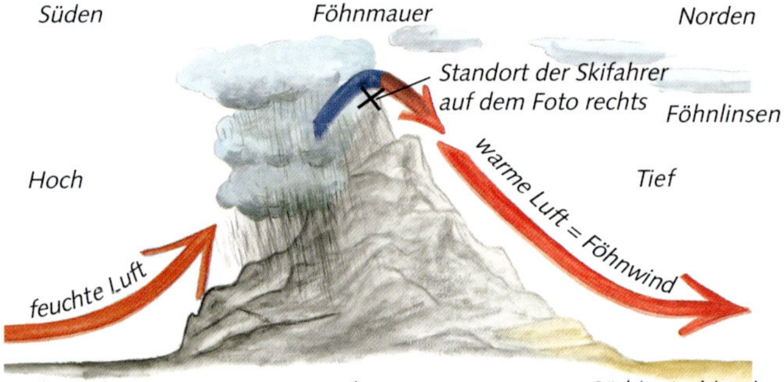

So entsteht Föhn: Feuchte Luft prallt auf einen Berg und muss dadurch aufsteigen. Mit zunehmender Höhe kühlt die Luft ab und regnet ab. Dabei wird Wärme freigesetzt. Bis zum Gipfel trocknet die Luft ab. Diese Grenze kann man als Föhnmauer (siehe Foto) genau erkennen. Jetzt fließt die Luft auf der anderen Seite des Berges nach unten und nimmt dabei die Kondensationswärme mit. Dies ist das Besondere am Föhn, denn normalerweise ist absinkende Luft im Gebirge eher kühl. Weil die Föhnluft so trocken und damit klar ist, kann man bei Föhn weit sehen.

Wenn Hoch und Tief aufeinander treffen

Ein Luftpaket mit hohem Luftdruck nennen wir in der Wettersprache ein Hoch, eines mit niedrigem Luftdruck heißt Tief. In unseren Breiten gilt die Faustregel: Ein Hoch bringt meist sonniges und trockenes Wetter, ein Tief meist Regen oder Schnee.

Den Rand eines kalten oder warmen Luftpakets bezeichnen wir als Front. Wenn warme und kalte Luftmassen zusammentreffen, gibt es zwei Möglichkeiten, was passieren kann:

1. Das leichtere, warme Luftpaket schiebt sich allmählich über die schwere, kalte Luft. Das nennt man Aufgleiten. Beim Aufgleiten kühlt sich die warme Luft mehr und mehr ab, und der Wasserdampf, den sie enthält, kondensiert zu Wolken, die sich irgendwann abregnen müssen.

Im winterlichen Hochgebirge trennt diese Föhnmauer das Wetter zwischen Alpennord- und -südseite.

2. Die kalte, schwere Luft schiebt sich unter die warme, leichtere Luft und hebt sie nach oben. Auch hier kühlt die warme Luft mit zunehmender Höhe ab, bildet Wolken und regnet irgendwann ab. Nur geraten hier die Luftmassen stärker und heftiger in Bewegung als beim ruhigen Aufgleiten.

Die Hochs und Tiefs bekommen von den Meteorologen männliche oder weibliche Eigennamen in der Reihenfolge des Alphabets.

Das Tiefdrucksystem

Wenn die Wolken sich nun abregnen, wird die zuvor gespeicherte Verdunstungsenergie wieder als Wärme freigesetzt (siehe Seite 14). So entstehen wieder neue Temperaturunterschiede und das ganze System kommt mehr und mehr in Bewegung. Nun kommt noch die Erdrotation dazu: Nach einem Naturgesetz wird nämlich jede Bewegung auf einer Kugel, die sich dreht, abgelenkt, und zwar in die entgegengesetzte Richtung der Drehung. Das ist die so genannte Corioliskraft. Auf der Nordhalbkugel wird also die Luft im Tief, die sich – von oben gesehen – nach links dreht, nach rechts abgelenkt. Auf der Südhalbkugel ist es umgekehrt. So entstehen die Wolkenwirbel, die du von der Wetterkarte kennst. Ein solcher Wirbel – ein Tiefdrucksystem oder eine Zyklone – zieht, sich weiterdrehend, über die Erde. Auf der Nordhalbkugel verläuft die Zugbahn am häufigsten von West nach Ost, auf der Südhalbkugel von Ost nach West – also jeweils in der Hauptwindrichtung. Pro Tag legt ein Tiefdrucksystem ca. 1000 bis 2000 km zurück.

Erst wenn die Luftmassen so vermischt sind, dass am Boden keine warme Luft mehr übrig ist, bricht der Kreislauf zusammen, der Wirbel schwächt sich ab und löst sich schließlich auf. Der Durchmesser eines Tiefdrucksystems kann von einigen hundert bis ca. 1500 km reichen – je nachdem, wie groß die Luftpakete sind, die aufeinander treffen, und wie groß die Temperaturunterschiede sind.

Und warum das Ganze? Blättere noch einmal vor auf Seite 14 – hier hast du gelesen: Immer wenn sich der Aggregatzustand des Wassers verändert, ändert sich die Temperatur der Umgebung. Immer wenn sich die Temperatur der Luft ändert, ändert sich auch der Luftdruck. Und die Luftmassen fließen immer so, dass diese Unterschiede ausgeglichen werden. Weil sich aber auf der Erde durch die Änderung des Sonnenstands ständig irgendwo die Temperaturen ändern, entstehen immer aufs Neue Hochs und Tiefs – und hier schließt sich der Kreis …

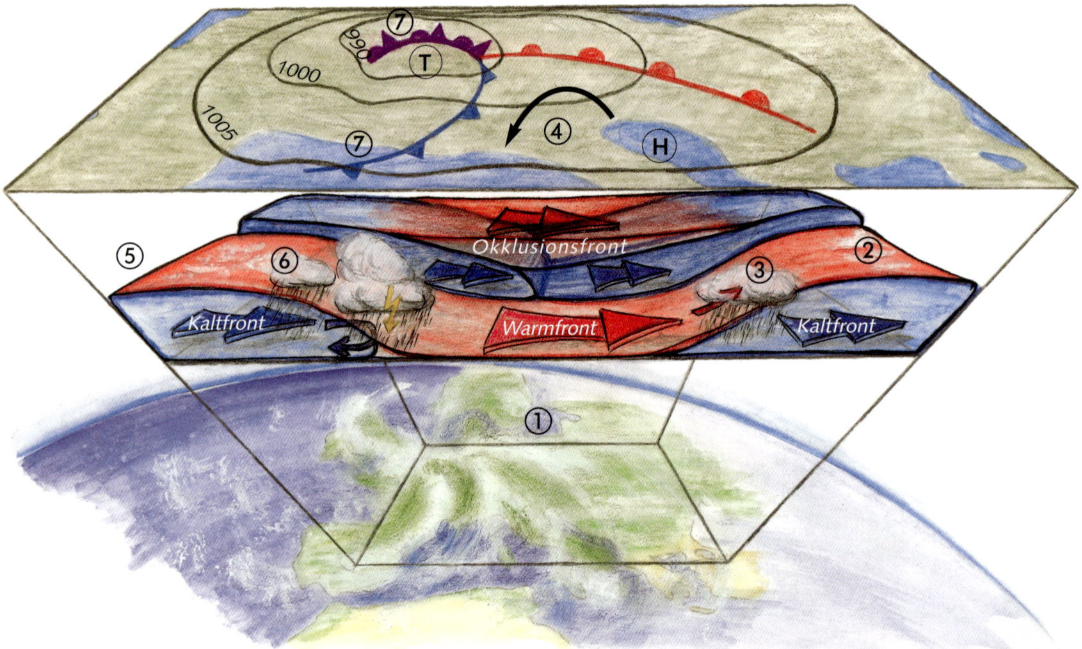

Ein Tiefdrucksystem über Mitteleuropa, von oben und von der Seite gesehen (die schwarzen Linien geben die Luftdruckwerte an):
① Eine Warmfront gleitet auf eine Kaltfront auf. Dabei entstehen erst in großer Höhe Eiswolken ②, dann Wolken, die sich abregnen ③.
④ Durch die Corioliskraft beginnen die beiden Fronten, sich umeinander zu drehen.
⑤ Bei der Drehung holt irgendwann die Kaltfront die Warmfront wieder ein, weil sich das kalte Luftpaket schneller bewegt als das warme. Wenn sich die Kaltfront jetzt unter die Warmfront schiebt, entsteht erneut Niederschlag ⑥.
⑦ Wenn die Kaltfront die Warmfront ganz eingeholt hat, mischen sich die Luftpakete. Dies nennt man Okklusion. An der Okklusionsfront ist der Niederschlag am stärksten.

Wetterbeobachtung

Schon vor über 2000 Jahren versuchten die Menschen, das Wetter zu erforschen. Doch erst nach dem Mittelalter, als man lernte, die Naturgesetze zu verstehen (z. B., dass die Erde rund ist und keine Scheibe), konnten sie auch die Zusammenhänge um Wetter und Klima erkennen und untersuchen.

Einfache Messgeräte ...

Gemessen werden Temperatur, Art und Menge der Niederschläge, Verdunstung, Luftfeuchtigkeit, Luftdruck, Windrichtung, Windgeschwindigkeit, Sonnenstrahlung, Sonnenscheindauer, Wolkenbedeckung, Höhe und Art der Wolken. Die ganze Erde ist mit einem dichten Netz von Messinstrumenten überzogen, die ständig all diese Werte messen. Sie stehen nicht nur an festen Orten auf dem Land. Auch Bojen im Meer und viele Schiffe werden mit Messinstrumenten ausgestattet und funken die Werte beständig an die Wetterzentralen. In entlegenen Regionen, z. B. in der Antarktis oder auf hohen Bergen, stehen automatische Wetterstationen, die die Daten von alleine weiterfunken.

Die Wissenschaftler, die das Wetter erforschen und beobachten, heißen Meteorologen (vom griechischen meteorologos = jemand, der sich mit Dingen am Himmel beschäftigt).

Thermometer

Eine Flüssigkeit in einem Röhrchen dehnt sich je nach Wärme aus. Man liest die Temperatur an der Höhe der Säule ab. Zusätzlich kann man den Temperaturverlauf aufzeichnen lassen.

Hygrometer

Ein Hygrometer ist ein hochempfindliches Gerät, das die Luftfeuchtigkeit misst.

Luftdruckmesser (Barometer)

An einer druckempfindlichen Dose hängt ein Zeiger. Drückt hoher Luftdruck die Dose zusammen

Im Inneren eines Barometers steckt eine hochempfindliche Dose, die sich bei Luftdruckänderung ausdehnt oder zusammenzieht. Diese Bewegung wird auf den Zeiger übertragen.

oder dehnt sie sich bei niedrigem Luftdruck aus, schlägt der Zeiger entsprechend aus. Ausgedrückt wird der Luftdruck in Pascal (Pa) bzw. Hektopascal (hPa) oder Millibar (mbar).

Anemometer

Ein Anemometer stellt Windrichtung und -stärke mit einer Fahne und einem Schalenkreuz, das sich im Wind dreht, fest.

Ein Anemometer funktioniert wie ein einfacher Wetterhahn: Die schwere Seite dreht sich immer vom Wind weg.

Regenmesser (Pluviograf)

Ein Regenmesser fängt den Regen in einem Messgerät mit einem bestimmten Durchmesser auf. Gemessen wird in Litern Wasser, die auf einen Quadratmeter Boden fallen. Dies wird umgerechnet in Millimeter und meist auch so angegeben. Im Wetterbericht bezieht man diese Angabe auf eine Stunde, damit man die Heftigkeit des Niederschlags erkennt: So sind 50 mm pro Stunde ein viel stärkerer Regen als 50 mm an einem Tag.

... und moderne Technik

Früher konnte man mit diesen Messgeräten nur in Bodennähe messen. Später kamen technische Hilfsmittel dazu: Mithilfe von **Flugzeugen**, die mit Messinstrumenten ausgestattet sind, können wir heute die ganze Atmosphäre durchmessen. Es gibt auch unbemannte, ferngesteuerte Flugzeuge (= Aerosonden) mit Messinstrumenten, die man gezielt in ein bestimmtes Gebiet schicken kann. Mit **Radargeräten** lässt sich Niederschlag per Echolot orten und seine Wanderung verfolgen. Satelliten machen vom All aus ständig Bilder von der Erde und funken diese an die meteorologischen Stationen. Der erste Wettersatellit wurde 1960 ins All geschossen und umkreiste die Erde in 800 km Höhe. Dies war ein großer Fortschritt, denn seitdem können wir nicht mehr von Unwettern überrascht werden, da wir sie schon lange vorher sehen und ihre Zugbahn beobachten können. Die heutigen Satelliten befinden sich in etwa 35 000 km Höhe über der Erde – das ist schon ein Zehntel der Strecke bis zum Mond! Sie zeigen trotz dieser großen Höhe sehr genaue, brillant scharfe Bilder und viele Einzelheiten. Neben Satelliten, die die Erde umkreisen, gibt es andere, deren Umlaufgeschwindigkeit genauso schnell ist, wie sich die Erde dreht. Sie »stehen« immer über derselben Stelle der Erde. Damit kann man ein bestimmtes Gebiet ununterbrochen beobachten.

Mit modernen Satelliten können wir heute das Wettergeschehen auf der Erde vom All aus beobachten.

Weltweit lassen Meteorologen täglich mehrere hundert **Wetterballons** steigen: An einem mit Helium gefüllten Ballon hängt eine kleine, leichte Messstation. Der Ballon steigt und steigt und dehnt sich wegen des sinkenden Luftdrucks dabei immer weiter aus, bis er in ca. 30 km Höhe platzt. Dann kommt die Messstation an einem Fallschirm wieder herab zur Erde. Die ganze Zeit funkt sie ihre Messdaten und ihre genaue Position.

Mit solchen Wetterballons lassen sich Wetterdaten bis in mehreren zehntausend Meter Höhe messen.

Wie genau ist die Wettervorhersage?

Erst seit etwa 50 Jahren gibt es zuverlässige Wettervorhersagen (= Prognosen). Sie beruhen darauf, dass man möglichst viele und möglichst dichte Messungen von Temperatur, Luftdruck etc. in Hochleistungsrechner eingibt. Diese verrechnen die Messwerte mit mathematischen Gleichungen (Naturgesetze) aus der Physik. So wird die voraussichtliche Verteilung von Luftdruck etc. in der Zukunft berechnet, z. B. wie sich ein Hurrikan voraussichtlich entwickeln wird. Das nennt man Modellrechnung. Die Meteorologen auf der ganzen Welt arbeiten eng zusammen und tauschen ständig ihre Beobachtungen und Daten aus. Koordiniert wird ihre Arbeit bei der Weltorganisation für Meteorologie (WMO) und beim weltweiten Wetterbeobachtungsnetz. Je mehr Daten im Laufe der Jahre verglichen und berechnet werden, umso genauer werden die Modellrechnungen und damit die Vorhersagen.

Der Beginn der regelmäßigen, täglichen Wetteraufzeichnungen war in Europa 1814 am Radcliffe-Observatorium in Oxford (England). In den USA begann man damit erst 1885 am Blue-Hill-Observatorium in Milton (Massachusetts). Dafür arbeitet dieses Observatorium seitdem ununterbrochen – bis heute.

Für drei Tage im Voraus ist die Wettervorhersage heutzutage schon ziemlich genau – jedenfalls für die so genannte Großwetterlage, also das Wetter über einen großen Raum und Zeitraum. Je kleiner das zu untersuchende Gebiet, desto schwieriger wird die Vorhersage, denn alle Einzelheiten können wir nicht voraussehen und auch nicht auf den Meter oder die Minute genau bestimmen.

Für größere Gebiete (z. B. ein Land oder einen Kontinent) kann man anhand größerer Veränderungen in den Wassertemperaturen der Ozeane das Wetter sogar für einige Monate voraussagen. Denn warme oder kalte Meeresströmungen haben einen großen, gut abschätzbaren Einfluss auf das Wetter (siehe Golfstrom, Seite 19, oder El Niño, Seite 46 – 47).

Berühmte Wetterforscher und Erfinder

Leonardo da Vinci (1452 - 1519) ist dir vielleicht nur als Maler bekannt. Doch er war auch Wissenschaftler und beschäftigte sich viel mit Wetterbeobachtung. Er baute auch schon einfache Messgeräte, z. B. einen Feuchtigkeitsmesser.

Galileo Galilei (1564 - 1642) baute das erste Teleskop. Damit kam er dem Beweis näher, dass die Erde um die Sonne kreist.

Evangelista Torricelli (1608 - 1647) erfand das erste Barometer zum Messen des Luftdrucks. Es bestand aus einem einfachen Glasrohr, das mit Quecksilber gefüllt war. Man nennt es noch heute Torricelli-Rohr.

Blaise Pascal (1623 - 1662) entdeckte den Zusammenhang von Luftdruck und Höhe und von Luftdruck und Wettergeschehen. Nach ihm ist die Messeinheit des Luftdrucks benannt: Pascal.

Von **Gabriel Fahrenheit** (1686 - 1736) stammt die erste Temperaturskala. In den USA misst man noch heute die Temperatur in Fahrenheit statt in Celsius, der Temperaturskala, die **Anders Celsius** (1701 - 1744) später entwickelte.

Sir Isaac Newton (1643 - 1727) zeigte als Erster mit einem Prisma, dass weißes Licht aus verschiedenen Farben zusammengesetzt ist – er erklärte also das Phänomen des Regenbogens.

Benjamin Franklin (1706 - 1790) bewies, dass Blitze elektrische Energien sind. Er ließ einen Drachen mit einem Draht mitten in ein Gewitter hinaufsteigen. Zum Glück überlebte er das Experiment. Damit war vermutlich auch der Blitzableiter erfunden …

Die Wetterkarte

Es gibt Wetterkarten, die die momentane Situation zeigen (= synoptische Karten) und Vorhersagekarten, auf denen die Prognose gezeigt wird. Wenn Wetterkarten oder Satellitenbilder kurzer Zeitabstände aneinander gereiht werden, kann man die Zugbahn von Wolken oder Tiefdruckgebieten erkennen und deren weiteren Verlauf abschätzen oder berechnen. Hier siehst du die wichtigsten Symbole, die international auf den Wetterkarten verwendet werden:

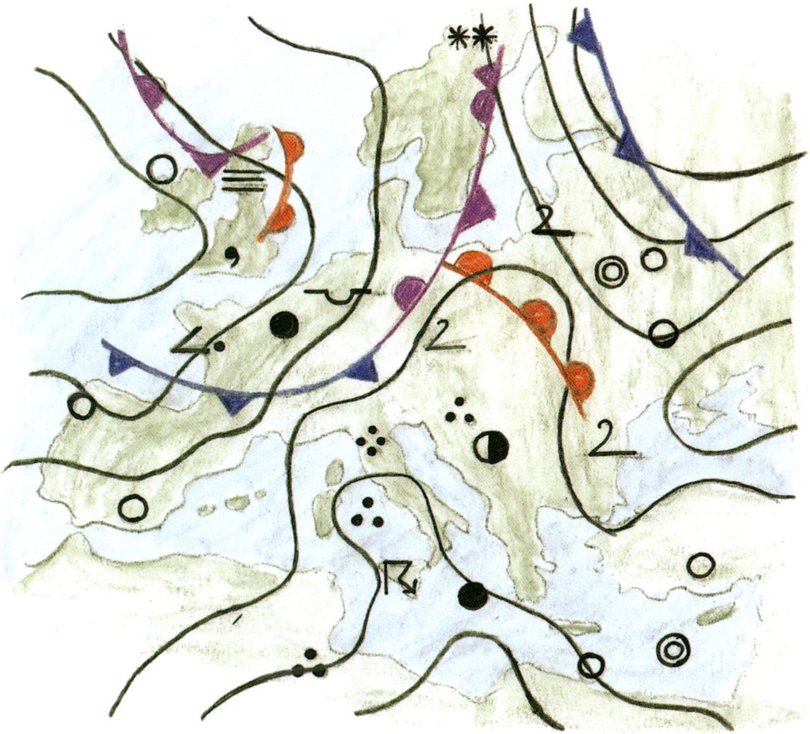

Diese Wetterkarte bildet das Tiefdrucksystem von Seite 24 ab! Erkennst du es wieder? Die schwarzen Linien zeigen den Bereich gleichen Luftdrucks an. Sie heißen Isobaren.

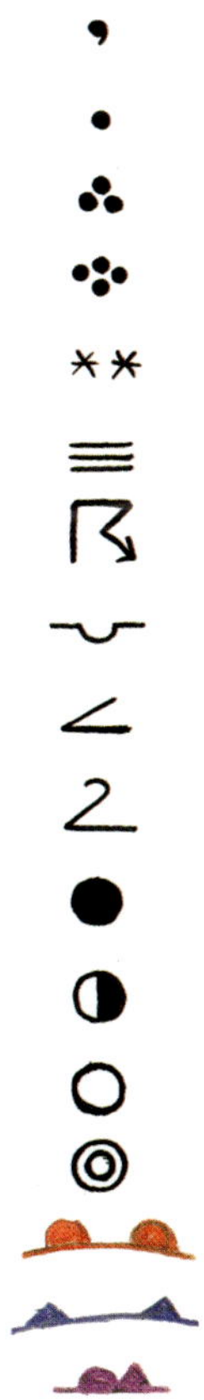

- *leichter Sprühregen mit Unterbrechung*
- *einzelne Regentropfen*
- *mäßiger Regen ohne Unterbrechung*
- *starker Regen ohne Unterbrechung*
- *leichter Schneefall ohne Unterbrechung*
- *Nebel*
- *Gewitter*
- *Stratocumulus (= geschlossene Decke aus Haufenwolken)*
- *Altostratus (= hohe Wolkendecke)*
- *Cirrostratus (= sehr hohe Decke aus Eiswolken)*
- *ganz bedeckt*
- *Vier-Achtel-Bedeckung (der Himmel ist zur Hälfte mit Wolken bezogen)*
- *wolkenlos*
- *windstill, keine Luftbewegung*
- *Warmfront*
- *Kaltfront*
- *Okklusionsfront*

Besondere Wetterphänomene

Ein Phänomen ist eine Erscheinung, etwas, das sichtbar wird oder auftritt (von griech. phainómenon = Erscheinung am Himmel). Diese Wetterphänomene siehst du nicht jeden Tag, weil sie von besonderen Umständen abhängen:

Regenbogen

Farben sind sichtbare »Einzelteile« des Lichts. Das weiße Sonnenlicht, das wir sehen, enthält – zu-

Die Reihenfolge der Spektralfarben am Regenbogen ist immer gleich: Rot – Orange – Gelb – Grün – Blau – Indigo – Violett. Man sieht ihn nur, wenn man die Sonne im Rücken hat und in den Regen hineinschaut.

Manchmal erscheint ein Regenbogen doppelt: Der zweite Bogen steht dann über dem ersten und ist schwächer. Außerdem ist sein Farbverlauf umgekehrt wie beim Einzelbogen: Die innen liegende Farbe ist Rot, die äußere Blau.

nächst für uns unsichtbar – alle natürlichen Farben, die es gibt, die so genannten Spektralfarben.

Solange der Lichtstrahl durch die Luft wandert, können wir die Spektralfarben nicht sehen. Wenn der Strahl aber durch Wasser hindurchgeht, z. B. einen Regentropfen, wird er gebrochen, das heißt: Das weiße Sonnenlicht wird in seine Einzelteile zerlegt. Diese sehen wir dann als Regenbogen. Deshalb gibt es Regenbogen nur, wenn es regnet und zugleich die Sonne scheint!

Schon seit vielen hundert Jahren gilt der Halo als Vorbote für Regenwetter, denn die Cirruswolken, die eine Ursache sein können, gehen meist einer Warmfront (siehe Seite 24), die Regen bringt, voraus. Doch verlassen kann man sich darauf nicht!

Links und rechts von der Sonne kannst du den Halo sehen (siehe Kreise) ein Lichtfleck mit einem kleinen Stück »Regenbogen«.

Halo

Ein Halo ist ein Lichtkreis um die Sonne (manchmal auch beim Mond zu sehen). Oft sind jedoch nur Teile davon sichtbar, z. B. links und rechts der Sonne. Er entsteht durch Lichtbrechung, wenn winzige Eiskristalle in der Luft (Eiswolken in großer Höhe) eine bestimmte Anordnung haben. Halos können weiß sein oder in verschiedenen Farben schimmern. Manchmal entstehen auch große, helle Lichtflecken. Man nennt sie Nebensonnen.

Halos entstehen zwar meist durch Lichtbrechung an Eiskristallen, aber auch durch andere Bedingungen in der Atmosphäre.

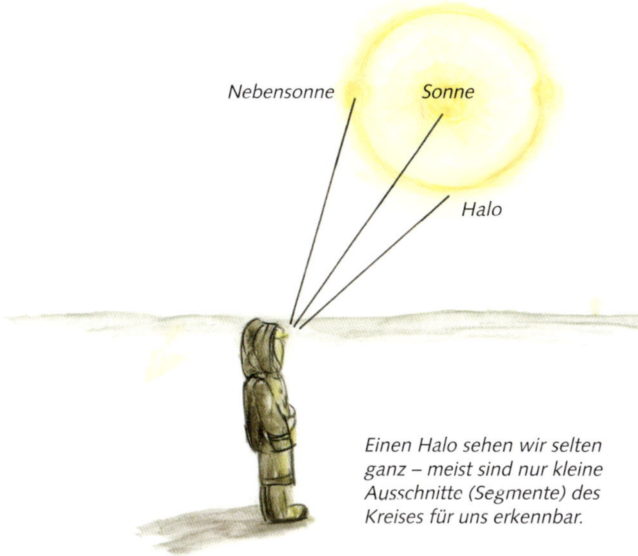

Einen Halo sehen wir selten ganz – meist sind nur kleine Ausschnitte (Segmente) des Kreises für uns erkennbar.

Brockengespenst: Diese Bergkette wirft ihren Schatten in die dahinterliegenden Wolken.

Brockengespenst

Wenn ein Mensch vor einer dichten Nebelwand oder Wolkenwand (z. B. im Gebirge) steht und von hinten Licht auf ihn fällt, wirft er einen stark vergrößerten Schatten auf den Nebel – das Brockengespenst. Der Name kommt vom Berg Brocken im Harz, auf dem häufig Nebel herrscht und dieses Phänomen oft zu sehen ist. Und wer schon mal eines gesehen hat, weiß, wie unheimlich das aussehen kann! Die starke Vergrößerung des Schattens kommt daher, dass der Schatten nicht von einem festen Gegenstand bzw. einer geschlossenen Fläche geworfen wird, sondern von jedem Nebeltröpfchen einzeln. Dazu kommt, dass durch die Luftbewegung sich ständig die Position der Nebeltröpfchen verändert. Dadurch verändert sich auch der Schatten: Es entsteht der Eindruck, als ob sich dieser selbstständig bewegt!

Manchmal erscheint durch bestimmte Lichtbeugungen ein Strahlenkranz um den Schatten, der Glorie genannt wird.

Polarlichter

Du musst schon großes Glück haben, um ein Polarlicht zu sehen – und dich weit im Norden oder Süden auf der Erdkugel aufhalten! Polarlichter entstehen, wenn durch bestimmte Vorgänge auf der Sonnenoberfläche, die Sonnenflecken, elektrisch angeregte (= ionisierte) Gase ausgeschleudert werden, die einige Wochen später auf die Erdatmosphäre auftreffen. An den Polen, wo das Magnetfeld der Erde besonders stark ist, entstehen dabei hohe Energien, die in Form von Licht sichtbar werden.

Polarlichter können viele verschiedene Formen haben – Streifen, Flächen, Bogen – und in ganz unterschiedlichen Farben schimmern oder leuchten. Oft bewegen sie sich auch. Die Wissenschaftler nennen die Polarlichter des Nordpols *Aurora borealis*, die des Südpols *Aurora australis*. Am häufigsten treten sie – außer in Zeiten verstärkter Sonnenfleckenaktivität – um die Tagundnachtgleiche im Frühjahr und im Herbst auf (21. März und 21. September). Das Nordpolarlicht hat man schon bis in den Südosten Australiens gesehen und das Südpolarlicht bis nach Griechenland!

Polarlichter entstehen in einer Höhe von 100 bis 1000 km über der Erdoberfläche. Je höher sie sind, desto weiter kann man sie sehen.

Spiel & Spaß

Was sagt das Barometer?

Ein sicherer Hinweis auf eine bevorstehende Wetteränderung ist der Luftdruck. Er ändert sich als Erstes bei einem Wetterumschwung, und zwar schon einige Stunden bis zwei Tage vorher. So lange dauert nämlich z. B. das Aufgleiten einer Warmfront auf eine Kaltfront (siehe Seite 24). Gibt es bei dir zu Hause ein Barometer? Lies es regelmäßig ab, z. B. immer morgens, mittags und abends. Notiere die Werte in deinem Wettertagebuch (Seite 82). Wie lange dauert es vom Fallen des Luftdrucks bis zum Regenbeginn? Wie schnell ändert sich der Luftdruck? Je länger und öfter du Wetter und Luftdruck beobachtest, umso besser wird deine persönliche Wettervorhersage!

Beobachtungen in der Natur

Tiere und Pflanzen reagieren manchmal schon früh auf eine Wetteränderung, denn sie nehmen feinste Änderungen wahr, z. B. ein Absinken des Luftdrucks oder ein Ansteigen der Luftfeuchtigkeit.

- An Zapfen von Nadelbäumen kannst du ablesen, ob es bald regnen wird: Sie schließen sich bei hoher Luftfeuchtigkeit, um die Samen im Inneren zu schützen. Bei niedriger Luftfeuchtigkeit öffnen sie sich wieder.
- Manche Blumen schließen ihre Blüten einige Stunden vor einem Gewitter oder Regen. Oder sie öffnen sich am Morgen gar nicht erst.
- Bienen verlassen ihren Bau nicht mehr und Vögel hören auf zu singen und verkriechen sich, wenn sich ein Gewitter oder Regen ankündigt.
- Wenn du morgens keinen Tau im Gras findest, ist dies ein Hinweis darauf, dass sich die Luftdruckverhältnisse geändert haben und es bald regnen könnte.

Luftdruck sichtbar machen

An Gewittern, Tornados und Wirbelstürmen sehen wir, welche Kraft entsteht, wenn die Natur Luftdruckunterschiede ausgleicht. In diesem Versuch kannst du das im Kleinen sichtbar machen. Nimm eine Flasche mit einer breiten Öffnung, am besten eine Karaffe. Erhitze sie, indem du sie in heißem Wasser spülst und auch welches darin schwenkst. Vorsicht mit dem heißen Wasser! Dann spannst du ein Stück Klarsichtfolie über die Öffnung, machst es mit einem Gummiband ganz straff fest und stellst die Flasche vorsichtig und langsam in eine Schüssel mit kaltem Wasser. Jetzt beobachte:

Die Folie wölbt sich nach einiger Zeit mehr und mehr nach innen und ist irgendwann zum Zerreißen gespannt. Die warme Luft in der Flasche kühlt im Wasserbad ab und zieht sich zusammen, dadurch sinkt ihr Luftdruck. Irgendwann ist der Luftdruck in der Flasche niedriger als außerhalb, wir sagen auch Unterdruck dazu. Weil aber Luft mit hohem Druck immer zu der mit niedrigem Druck fließt – oder umgekehrt: Luft mit niedrigem Druck die mit hohem Druck anzieht –, wird die Folie von der Außenluft in die Flasche gedrückt bzw. gesogen. So ähnlich, nur viel feiner, funktioniert übrigens ein Luftdruckmessgerät (siehe Seite 25)!

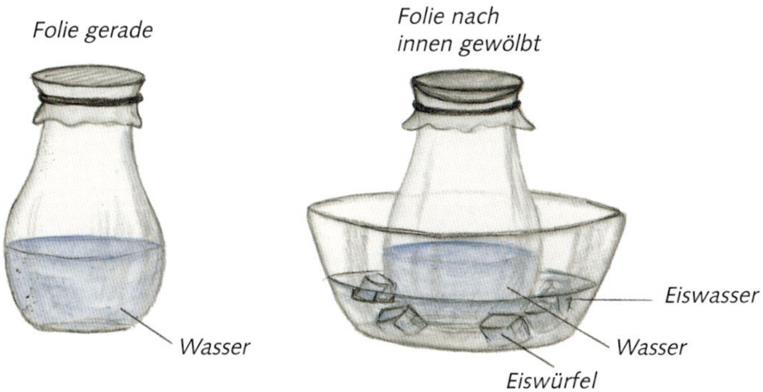

Luftfeuchtigkeit sichtbar machen

Dieser einfache Versuch macht die Luftfeuchtigkeit, die wir meist nicht sehen, sichtbar. Nimm ein Glas aus dem Küchenschrank und vergewissere dich, dass es ganz und gar trocken ist. Nun füllst du eiskaltes Wasser oder Saft – am besten noch mit ein paar Eiswürfeln dazu – in das Glas und stellst es in einen warmen Raum (aber nicht direkt in die Sonne).

Jetzt beobachte:

Nach einer Weile wird das Glas außen feucht. Das ist die Feuchtigkeit aus der Raumluft. An dem kalten Glas kondensiert der Wasserdampf, der in der Raumluft steckt, zu flüssigem Wasser.

Heiße Luft dehnt sich aus

Stülpe einen Luftballon über den Hals einer leeren Flasche. Stelle die Flasche in eine große Schüssel mit heißem Wasser. Achtung, verbrüh dich nicht! Jetzt beobachte:
Die Luft in der Flasche wird erwärmt und dehnt sich aus. Sie steigt auf und füllt den Ballon.

So strömt Luft

Mit diesem kleinen Experiment kannst du Luftströmungen erkennen. Stelle eine Kerze hinter eine Flasche und zünde sie an. Nun stellst du dich genau vor die Flasche und versuchst die Kerze auszublasen. Es wird dir leicht gelingen, obwohl die Flasche im Weg steht! Denn deine Atemluft strömt zwar links und rechts an der Flasche vorbei, aber dahinter treffen die Strömungen wieder zusammen und fließen Richtung Kerze weiter. Von oben gesehen, sieht das so aus:

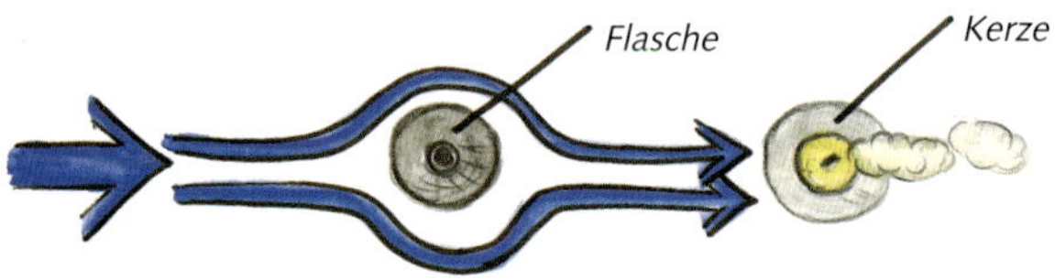

Einen Regenbogen erzeugen

Einen Regenbogen kannst du leicht selbst erzeugen. Nimm ein Glas und fülle es mit Wasser. Stelle dich mit dem Glas in der Hand in die Sonne und halte ein weißes Blatt Papier darunter oder dahinter. Je nachdem, wie du das Glas und das Blatt zueinander drehst und wendest, zauberst du einen Regenbogen auf das Papier!

Wenn du einen dauerhaften Regenbogen möchtest, kannst du dir kleine Kristalle aus Glas oder Kunststoff kaufen, die man sich ans Fenster hängt. Wenn die Sonne durchscheint und sich an den geschliffenen Kanten bricht, erscheinen am Boden oder an der Wand deines Zimmers kleine Regenbogenflecken, die mit der Sonne durchs Zimmer wandern! Achtung: Das funktioniert nur bei Fenstern, in die die Sonne direkt hineinscheint!

Wandernden Schatten beobachten

Wenn die Sonne hoch am Himmel steht, werfen die Gegenstände kurze Schatten; wenn sie flach am Horizont steht, werden die Schatten länger. Das gilt für den Tagesablauf und für den Jahresverlauf. An einem Baum im Garten kannst du die Wanderungen des Schattens beobachten. Mit Markierungen, die du in den Boden steckst, kannst du die Schattenlängen direkt vergleichen – z. B. zwischen morgens und mittags oder zwischen dem 1. Mai und dem 1. Juli. Miss die Schattenlängen aus und notiere sie in deinem Wettertagebuch (Seite 82). Du wirst staunen, wie groß die Unterschiede im Jahresverlauf sind! Aufgabe für besonders gute Beobachter: Wie unterscheiden sich die Schatten am 21. März und am 21. September voneinander? (Lösung siehe Seite 96)

Schneeflocken-Vielfalt

Schneeflocken sind in der Grundform immer sechseckig – aber jede sieht anders aus. Es gibt keine zwei gleichen Schneekristalle!

Mini-Fallschirm basteln

Aus Taschentüchern oder dünner Folie und Faden kannst du dir einen Mini-Fallschirm basteln. Knote jede Ecke mit dem Faden zusammen und führe die Fäden – sie müssen gleich lang sein – unten zusammen. Dort verbindest du sie mit einem Stöckchen oder einem kleinen Nagel. Vielleicht hast du auch eine kleine Spielzeugfigur, die dann wie ein richtiger »Fallschirmspringer« daran hängt. Aber Achtung: Sie darf nicht zu schwer sein, sonst stürzt dein Fallschirm gleich ab! Bei einer leichten Brise kannst du deinen Fallschirm ausprobieren und mit Freunden wetten: Welcher kommt am weitesten?

Wolkenbilder erfinden

Bestimmt hast du auch schon oft die Wolken am Himmel betrachtet und alle möglichen Figuren darin gesehen. Daraus kann man auch ein Ratespiel machen: »Ich sehe einen Drachen, auf dem ein Hund reitet!« Oder: »Wo steht das grasende Kamel?« Wer dein Wolkenbild als Erster entdeckt hat, kommt als Nächster dran.

LKW

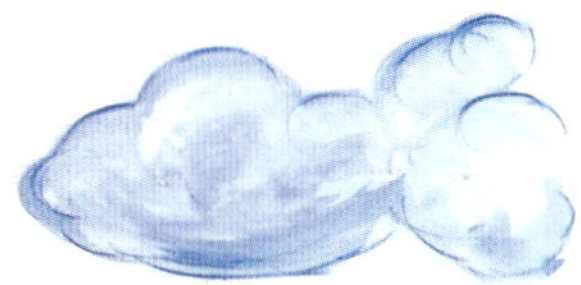

Fisch

Henne

Hase

Naturkatastrophen

Extremereignisse

Über »normales« Wetter denken wir meist nicht viel nach, weil es uns im täglichen Leben nicht so sehr beeinflusst. Doch Wetter kann uns auch belasten: Gewitter, große Hitze oder eisige Kälte sind unangenehm oder können uns auch gefährlich werden. Wir sprechen dann von Extremereignissen. Allerdings ist nicht jedes extreme Wetterereignis gleich eine Naturkatastrophe. Bestimmte Wetterextreme sind ganz normal – und manche davon sogar für die Natur notwendig. Von einer Katastrophe sprechen wir erst, wenn uns Schaden entsteht oder Menschen zu Tode kommen. Ein Hurrikan, der nur über das Meer zieht und dabei nicht den Kurs eines Schiffes kreuzt, ist keine Naturkatastrophe.

Stürme in mittleren Breiten

Bei uns in Europa treten Stürme vor allem im Herbst und Winter auf, weil die Temperaturunterschiede zwischen den Tropen und dem Nordpol dann sehr groß sind: Dadurch entstehen große Windbewegungen auf der Nordhalbkugel. Die Oberfläche der Landschaft – das Relief – beeinflusst den Verlauf der Stürme. Vor Bergen und Hügeln kann sich der Wind stauen, an Engstellen, die wie eine Düse wirken (= Düseneffekt), ungeheuer stark werden. Ein Sturm in unseren Breiten wird zwar lange nicht so stark wie ein tropischer Wirbelsturm oder Tornado (siehe Seite 50 ff.). Gefährlich ist er trotzdem, weil er Äste abbrechen, Dachziegel herabwehen oder andere Gegenstände herumwirbeln kann. Bei starken Stürmen können große Waldflächen zerstört werden, das nennen wir Windwurf.

Windstärken-Skala nach Beaufort

Stärke	Geschwindigkeit	Name und Wirkung
0	0 - 1 km/h	Windstille
1	1 - 5	leiser Zug, schwache Brise
2	6 - 11	leichter Wind, Blätter bewegen sich
3	12 - 19	schwacher Wind, Zweige bewegen sich
4	20 - 28	mäßiger Wind, dünne Äste bewegen sich
5	29 - 38	frischer Wind, kleine Bäume schwanken
6	39 - 49	starker Wind, dicke Äste bewegen sich, Wellen im Wasser bis 3 m hoch
7	50 - 61	steifer Wind, Bäume schwanken, Wellen bis 4 m hoch
8	62 - 74	stürmischer Wind, Zweige brechen, Wellen bis 5 m hoch
9	75 - 88	Sturm, Äste brechen, erste Schäden an Häusern, Wellen bis 7 m hoch
10	89 - 102	schwerer Sturm, Bäume werden entwurzelt, Wellen bis 9 m hoch
11	103 - 117	orkanartiger Sturm, Schäden an Häusern häufig, Wellen bis 11 m hoch
12	über 117	Orkan, schwere Schäden an Häusern, Wellen 14 m und höher

Gewitter

In einem Blitz steckt die Energie von bis zu 100 Millionen Volt. Die Luft kann bei der Entladung auf über 30000 °C erhitzt werden.

Gewitter entstehen, wenn beim Aufeinandertreffen von kalter und warmer Luft die Temperaturunterschiede so groß sind, dass besonders heftige Luftbewegungen (= Turbulenzen) entstehen. Dabei werden kleinste Teilchen der Luftbestandteile, Atome und Moleküle, teilweise auseinander gerissen. Die Erdoberfläche ist dann positiv geladen, die Unterseite der Wolken negativ und ihre Oberseite wieder positiv. Die Luft kann ebenfalls anders geladen sein als die Wolken. Weil sich diese Ladungen gegenseitig anziehen, entsteht eine elektrische Spannung. Sie entlädt sich irgendwann, d. h., die Ladungen gleichen sich mit einem Schlag wieder aus: Es blitzt. Ein Blitz ist also ein gewaltiger Stromschlag. Er hat so viel Energie, dass sich die Luft explosionsartig ausdehnt: Das ist der Donner, den wir hören.

Gewitter sind normale Wetterereignisse. Gefährlich daran ist für uns vor allem der Blitz, denn sein Stromschlag ist für uns Menschen meistens tödlich. Auch Wind, Regen oder Hagel können so heftig werden, dass sie Schäden an unseren Feldpflanzen oder an Gebäuden verursachen.

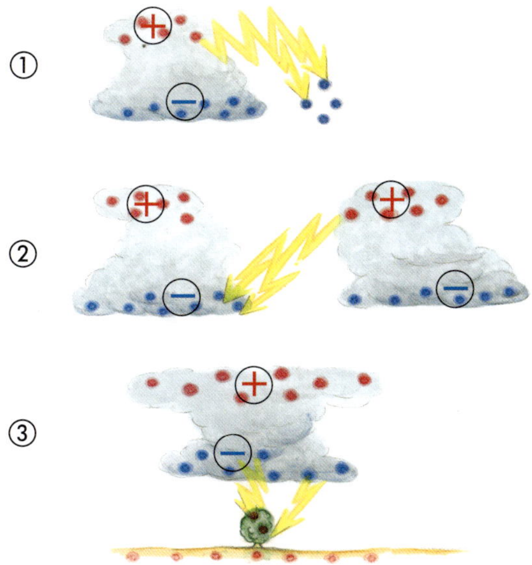

Ein Blitz entsteht, wenn sich große elektrische Ladungsunterschiede zwischen negativ (blau) und positiv (rot) geladenen Teilchen mit einem Schlag ausgleichen. Das kann zwischen Wolken und der Luft ①, zwischen den Wolken ② oder zwischen den Wolken und der Erde ③ passieren.

Hagel

Hagel entsteht in Gewitterwolken: Plötzliche Kälte verwandelt Wassertröpfchen in der Wolke zu Eiskristallen. Die warmen Aufwinde, die in der Gewitterwolke herrschen, treiben die Körnchen immer wieder in die Höhe, in die kälteren Luftschichten. Dabei lagert sich erneut Eis an. Irgendwann ist das Korn so groß, dass die Schwerkraft die Auftriebskraft übersteigt und das Hagelkorn zu Boden fällt. Die Forscher schneiden die Hagelkörner zur Untersuchung auf, denn im Querschnitt können sie die Eisschichten erkennen. 25 Schichten wurden dabei schon gezählt – d. h., das Korn ist 25-mal in der Gewitterwolke auf und ab geflogen!

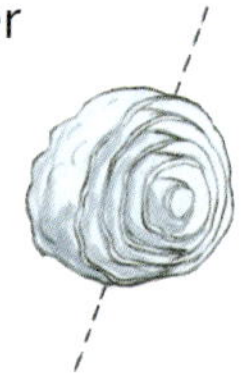

Hagelkorn im Querschnitt

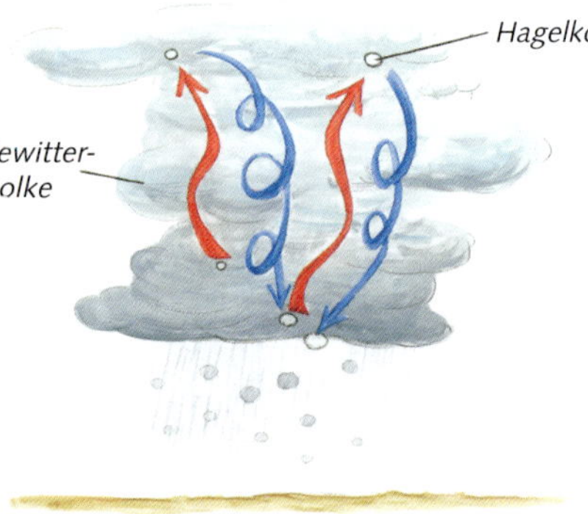

Hagelkörner entstehen durch Auf- und Abbewegungen eines Eiskristalls in einer Gewitterwolke. Dabei lagern sich immer mehr Eisschichten an.

Hagel ist ein natürliches Ereignis und meist harmlos. Doch größere Hagelkörner können unsere Pflanzen auf den Feldern zerstören und damit die Ernte vernichten. Große Hagelkörner sind natürlich auch gefährlich, wenn sie uns selbst treffen oder Dächer und Fenster durchschlagen. Manchmal kann man Hagelwolken, wenn sie sich zusammenbrauen, an ihrer gelblichen Farbe erkennen.

Eisregen

Eisregen, auch Blitzeis oder überfrierende Nässe genannt, entsteht bei schnellen Temperaturänderungen im Winter. Wenn die Luft so warm ist, dass der Niederschlag als Regen fällt (und nicht als Schnee), der Boden aber noch sehr kalt ist, gefriert das Wasser augenblicklich, sobald es auf den Boden auftrifft. Der Natur macht das überhaupt nichts aus. Doch unsere Straßen und Plätze verwandelt der Eisregen in spiegelglatte Rutschbahnen, und das ist gefährlich.

Natürliche Überflutungen

Natürliche Flusslandschaften (= Auen, bei uns heute selten), in denen der Fluss sich seinen Verlauf selbst sucht und seine Ufer nicht vom Menschen begradigt wurden, haben regelmäßig Hochwasser, z. B. nach starken Regenfällen oder bei der Schneeschmelze im Frühjahr. Dabei werden Teile des Ufers abgerissen, Erde und Pflanzen weggespült. Doch gleichzeitig trägt das Wasser neues Material (Erde, Pflanzenteilchen usw.) heran. Wenn das Hochwasser zurückgeht, wird dieses Material abgelagert und bildet neuen Boden im Wasser und im Uferbereich. Diese Ablagerungen sind sehr fruchtbar. In kürzester Zeit sprießen hier neue Pflanzen, Tiere finden Nahrung und Verstecke. Für die Pflanzen und Tiere der Auen gehören diese immer wiederkehrenden Überschwemmungen zum natürlichen Lebensrhythmus; sie haben sich daran angepasst. Ohne Überschwemmungen wären Auenlandschaften niemals so vielfältig und fruchtbar!

In manchen Ländern ist die Erde entlang von Flüssen nur deshalb fruchtbar, weil sie nur durch regelmäßige Überschwemmungen Wasser bekommt – z. B. am Nil in Ägypten. Vor vielen tausend Jahren beteten die Menschen dort sogar um Überschwemmungen, damit ihre Ernte fruchtbar war.

Springtiden

Ebbe und Flut (= die Gezeiten oder Tiden) sind bei Vollmond und Neumond besonders stark. Denn dann wirkt der Mond in seiner ganzen Größe auf die Erde ein, und damit auch seine Anziehungskraft auf das Wasser. Die Flut wird dann stärker, wir nennen sie Springflut. Vor Springtiden können wir uns aber gut schützen, denn beim Bau der Deiche an den Küsten wurden sie schon mit eingerechnet. Außerdem lassen sie sich anhand des Mondverlaufs vorausberechnen.

Eine Nipptide ist das Gegenteil der Springtide: Zu den Viertelmondphasen, d. h. wenn der Mond genau zwischen Neumond und Vollmond liegt (oft auch »Halbmond« genannt, weil wir dann die Hälfte des Mondes sehen), sind Ebbe und Flut sehr viel schwächer als normalerweise.

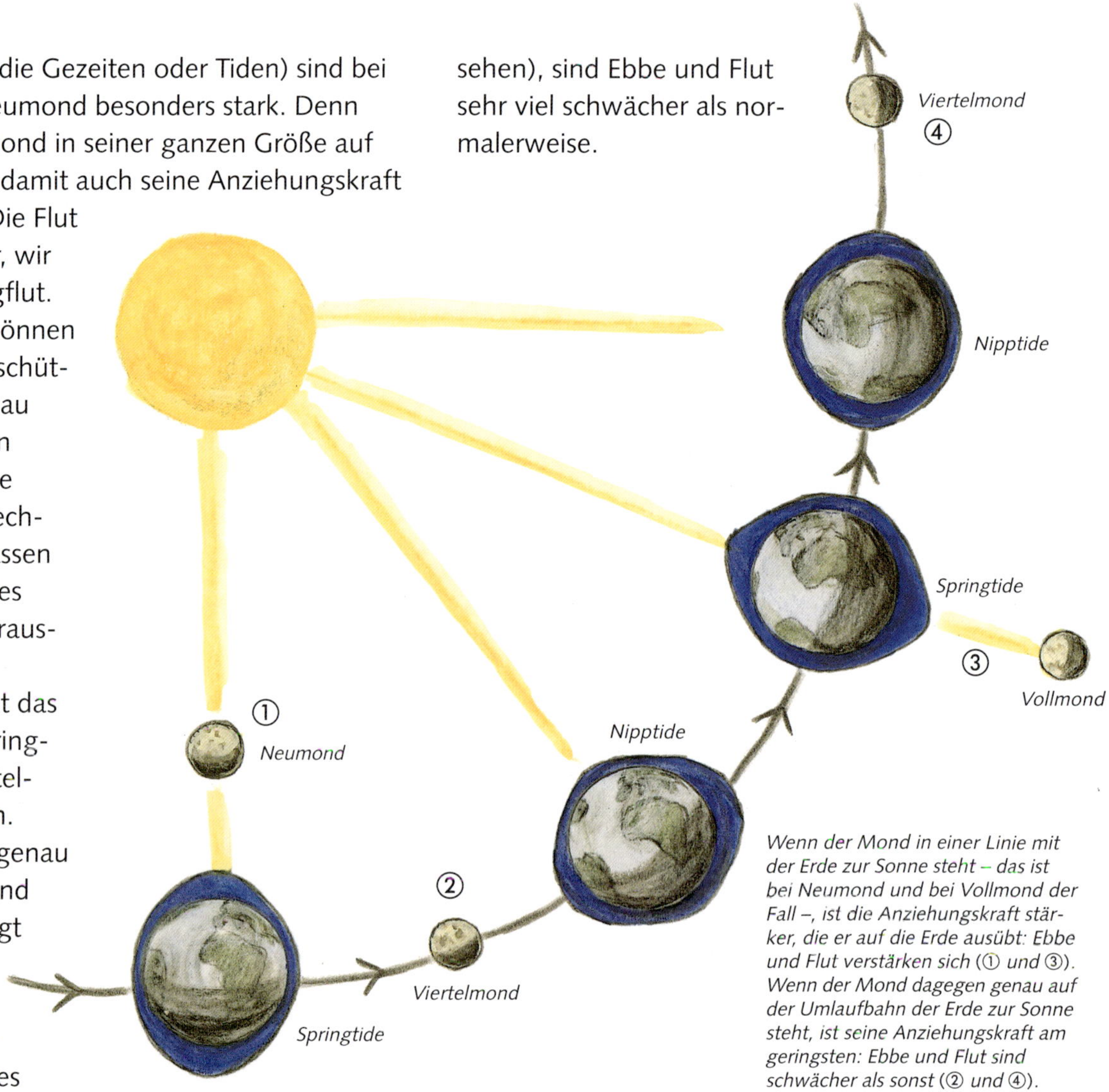

Wenn der Mond in einer Linie mit der Erde zur Sonne steht – das ist bei Neumond und bei Vollmond der Fall –, ist die Anziehungskraft stärker, die er auf die Erde ausübt: Ebbe und Flut verstärken sich (① und ③). Wenn der Mond dagegen genau auf der Umlaufbahn der Erde zur Sonne steht, ist seine Anziehungskraft am geringsten: Ebbe und Flut sind schwächer als sonst (② und ④).

Natürliche Waldbrände

In den Wäldern bestimmter Regionen, z. B. in den Eukalyptuswäldern Australiens, brechen nach langen Hitzeperioden regelmäßig Waldbrände aus. Ausgelöst werden sie meist durch Blitzschläge. Diese Brände gab es schon lange, bevor Menschen auf der Erde lebten. Die Natur hat sich damit immer selbst reguliert und braucht diese Brände sogar: Auf den abgebrannten, lichten Flächen können neue, junge Bäume wachsen, und so verjüngt sich der Wald. Die Asche dient dabei als hervorragender natürlicher Dünger. Bestimmte Pflanzen, wie der Mammutbaum in Nordamerika *(Sequoiadendron giganteum)*, können ohne diese Brände gar nicht überleben, denn ihre Samen können erst keimen, nachdem sie durch das Feuer erhitzt wurden! Insekten oder Pilze, die Pflanzen schädigen können, wenn sie überhand nehmen, werden auf diese Weise immer wieder vernichtet und ihre Anzahl somit in Schach gehalten.

Seit Wissenschaftler um die Natürlichkeit der Waldbrände wissen, versucht man, solche Brände wenn möglich sich selbst zu überlassen, um das natürliche Gleichgewicht in diesem Gebiet zu erhalten. Doch wo Menschen leben, müssen wir uns natürlich vor Waldbränden schützen. Schwierig dabei ist, dass immer öfter Häuser in waldbrandgefährdeten Regionen gebaut werden, wo sich früher genau aus diesem Grund keine Menschen ansiedelten, um sich gar nicht erst dieser Gefahr auszusetzen.

In einem gewissen Ausmaß sind Waldbrände – wie z. B. hier in Australien – für die Natur notwendig.

El Niño

El Niño ist ein Naturphänomen, das etwa alle zwei bis sieben Jahre im Pazifischen Ozean auftritt. Aus Gründen, die noch nicht genau erforscht sind, verändern sich die Winde über dem Ozean, und diese beeinflussen die Wassertemperaturen. In der Folge verändern sich ganze Strömungen im Pazifik (siehe Seite 19). Das wirkt sich auf das Wetter an den Küsten von Nordamerika, Australien und Indonesien aus: In Südamerika gibt es Überschwemmungen und viel Regen, in Australien und Indonesien wird es heiß und trocken. Vor allem die peruanische Küste ist davon betroffen: Die Fische wandern ab, denn sie finden weniger Nahrung (kaltes Wasser ist nährstoffreicher als warmes). Die peruanischen Fischer machen dann keine Fänge mehr. Vögel, die sich von den Fischen ernähren, wandern ebenfalls ab oder sie verhungern.

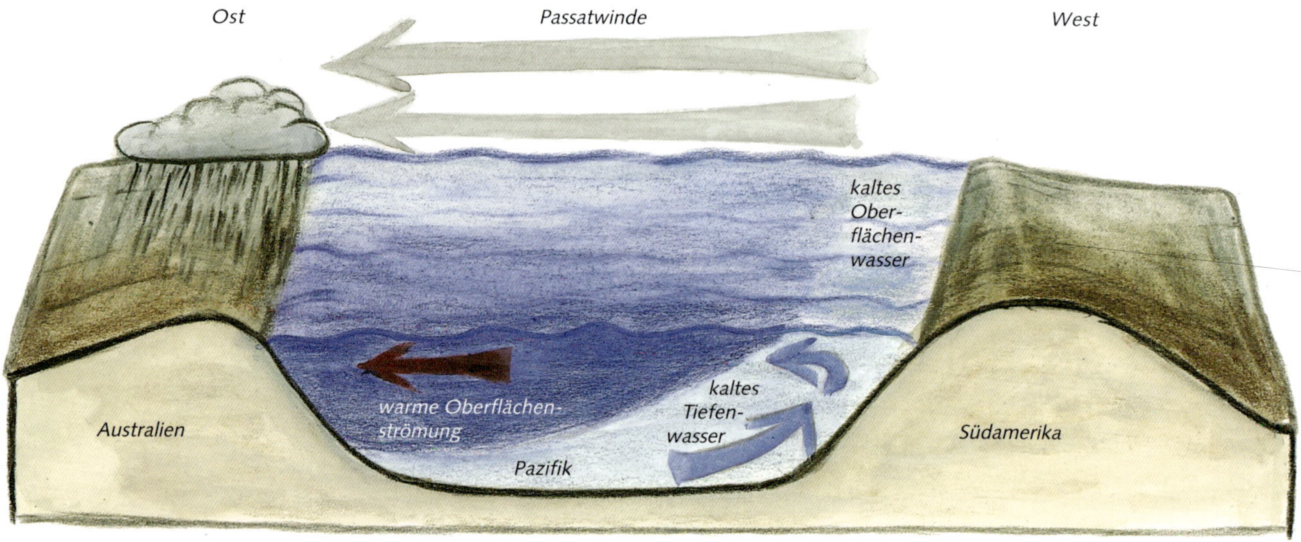

Das Oberflächenwasser des Pazifiks wird normalerweise von Passatwinden (siehe Seite 21) erwärmt und strömt in Richtung australische Küste, wo es sich abregnet. In der Tiefe strömt kaltes Wasser an die Küste Südamerikas, also Perus. Die Wasserströmungen bilden einen gleichmäßigen Kreislauf.

El Niño dauert meist nur einige Wochen, kann aber auch über ein paar Jahre anhalten. Mit den heutigen Messmethoden kann man ihn schon für einige Monate ziemlich sicher voraussagen.

Manchmal passiert auch das Gegenteil: Durch plötzliche starke Ostwinde am Äquator werden die Wasserströmungen ungewöhnlich kalt. Dadurch wird es in Peru sehr trocken und an der australischen Ostküste regnet es heftig bis hin zu Überschwemmungen. Man nennt dieses Phänomen La Niña – sozusagen die Schwester von El Niño.

Seinen Namen hat dieses Phänomen, weil es meist kurz vor Weihnachten passiert: El Niño heißt auf Spanisch (Christ-)Kind.

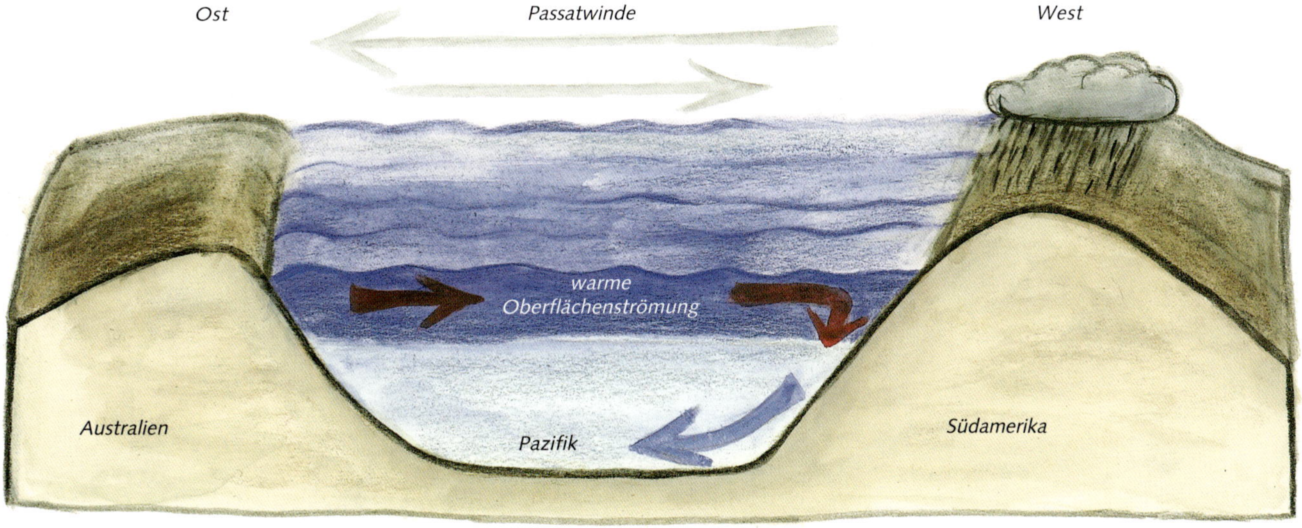

Bei einem El-Niño-Ereignis kehren sich die Verhältnisse um: Die Winde über dem Pazifik verändern sich, stattdessen wehen überwiegend Westwinde. In der Folge fließt die warme Oberflächenströmung des Pazifiks nun in die umgekehrte Richtung. Peru bekommt jetzt ungewöhnlich starke Regenfälle, während in Australien der Regen wochenlang ausbleibt.

Bedrohliche Wassermassen

Bei Hochwasser kann auch ein kleiner Bach zum reißenden Fluss werden – selbst Wasser, das so flach ist, dass du darin noch stehen kannst, bekommt dann eine gefährlich starke Strömung.

Hochwasser

Wenn Flüsse dort über die Ufer treten, wo Menschen leben, kann dies zur Katastrophe führen. Überschwemmungen können nach langen oder besonders heftigen Niederschlägen entstehen. Das Wasser kann dann nicht mehr im Boden versickern, weil dieser schon voll gesogen ist wie ein Schwamm. Es fließt in Bäche und Flüsse ab. Das Gleiche kann im Frühjahr bei der Schneeschmelze passieren: Wenn große Mengen Schnee schmelzen, aber der Boden noch gefroren ist, fließt das Tauwasser ebenfalls in die Flüsse, anstatt im Boden zu versickern. Dann können die Flüsse so anschwellen, dass das Bett für die Wassermengen nicht mehr ausreicht.

Die Wasserstände der Flüsse (= die Pegel) werden von den Wasserwirtschaftsämtern regelmäßig kontrolliert. So kann man bei drohendem Hochwasser die Menschen rechtzeitig warnen und notfalls gefährdete Gebiete evakuieren, d. h., die Menschen müssen ihre Häuser verlassen und in Notunterkünfte ziehen.

In der Nacht vom 16./17. Februar 1962 brach über die deutsche Nordseeküste die schwerste Flutkatastrophe seit über 100 Jahren herein. Meterhohe Wellen ließen die Deiche an der Küste, an Elbe und Weser brechen. Am schlimmsten traf die Sturmflut Hamburg. Mehr als 300 Menschen kamen damals ums Leben.

Sturmflut

Wenn an unseren Meeresküsten ein besonders heftiger Sturm in Richtung Küsten wandert, kann eine Sturmflut entstehen – vor allem dann, wenn sich gleichzeitig die Gezeiten in der Flutphase befinden. Auch tropische Stürme können in den dortigen Re-

Ein heftiger Sturm kann eine normale Flut zur Sturmflut verstärken.

Die Folgen einer Sturmflut sind nicht nur zerstörte Deiche, Häuser und Straßen, sondern auch Böden, die durch das Meerwasser so versalzt sind, dass wir nichts mehr anbauen können.

Heute können wir Sturmfluten ziemlich gut vorhersagen. Wenn Gefahr droht, werden die Menschen in den Häusern und auf den Schiffen gewarnt, damit sie die Gefahrenzone rechtzeitig verlassen können. Außerdem hat man z. B. in Holland sehr gute Deichsysteme gebaut, die bei Sturmfluten rechtzeitig geschlossen werden und auch bei hohen Wasserständen nicht mehr brechen.

gionen eine Sturmflut auslösen. Der Sturm schiebt das Wasser regelrecht vor sich her, sodass die Wellen immer höher werden. Mit gewaltiger Kraft brechen sie an die Küsten. Eine starke Sturmflut kann große Flächen der küstennahen, flachen Ufer unter Wasser setzen. Wenn die Deiche der Gewalt des Wassers nicht standhalten, brechen sie und das Wasser dringt ungehindert und sehr schnell ins Landesinnere ein. In Flussmündungen kann das Meerwasser so hineingedrückt werden, dass sich auch das Flusswasser staut und überläuft. Für Schiffe draußen auf See ist eine Sturmflut natürlich ebenso gefährlich. Sie werden wie Spielzeug auf dem Wasser hin und her geworfen und können an Felsen zerschellen.

Wenn an der Küste ein Deich bricht, bahnt sich das Wasser in kürzester Zeit seinen Weg ins Landesinnere.

Wenn es stürmt und tobt

Tropische Wirbelstürme

Tropische Wirbelstürme sind eine natürliche Wettererscheinung, die nördlich und südlich des Äquators vorkommt, wo das Wasser der Ozeane wärmer als 26 °C ist (auf jeder Halbkugel im dortigen Spätsommer). Diese warme Luft, die sehr viel Wasser enthält, steigt weit hinauf, bis sie abkühlt und sich durch die Kondensation Wolken bilden. Durch die Erdrotation (die Corioliskraft) wird diese Luftbewegung in eine spiralförmige Bahn gelenkt (siehe S. 23). Den Mittelpunkt der Spirale bildet das so genannte Auge: eine windstille Zone (ca. 20 – 50 km Durchmesser) mit kalter Luft, also niedrigem Luftdruck. Dieser saugt

Im Auge des Wirbelsturms ist es völlig windstill.

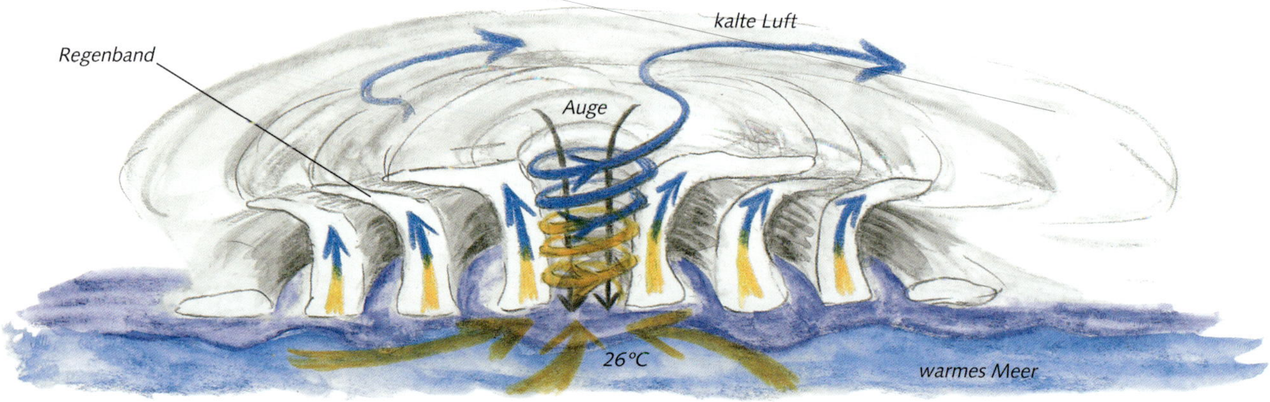

Wirbelsturm im Querschnitt: Im Zentrum herrscht starker Unterdruck (niedriger Luftdruck), der warme, feuchte Luft aus der Umgebung ansaugt. Die Regenwolken, die sich bilden, weil sich die aufsteigende, abkühlende Luft wieder abregnen muss, »wickeln« sich wie in einer Spirale um das Auge.

warme Luft aus der Umgebung an. Sie steigt um das Auge herum nach oben, und durch die Abkühlung kondensiert noch mehr Wasser zu Wolken. Durch den immer stärker werdenden Sog entstehen senkrechte Wolkenwände, die sich bald heftig abregnen.

Im Auge wird durch den Unterdruck auch das Wasser von der Meeresoberfläche regelrecht angesaugt. So bilden sich Wellen, die mehrere Meter hoch werden können. Wenn sich der Wirbelsturm mit einer Zuggeschwindigkeit von rund 50 km/h auf das Festland zubewegt, können die Wellen bis dorthin eine Höhe von 10 – 20 m erreichen. Zur Zerstörungskraft des Sturms kommt dann noch die der Flutwellen und des heftigen Regens. Manchmal wird ein Wirbelsturm auch noch von Tornados (siehe Seite 52) begleitet! An Land wird der Wirbelsturm durch den Widerstand der Erde nach und nach abgebremst. Doch bis es so weit ist, kann er

Mithilfe von Satellitenaufnahmen können wir die Zugbahn von Wirbelstürmen verfolgen.

über eine Strecke von mehreren 100 km ziehen und dabei viel zerstören. Dies kann mehrere Tage oder sogar Wochen dauern.

Tropische Wirbelstürme entstehen zwar immer in Äquatornähe, aber nie direkt am Äquator: Denn ohne die Corioliskraft kann sich keine »Spirale« bilden. Direkt am Äquator ist diese Kraft gleich null. In Europa kommen diese Wirbelstürme nicht vor. Denn bevor ein Wirbelsturm unseren Kontinent erreicht hätte, hat er längst seine Kraft verloren und sich aufgelöst.

Die Saffir-Simpson-Skala für tropische Wirbelstürme

Stufe	Druck	Windgeschwindigkeit	Wellenhöhe	Zerstörung
1	980 hPa	118 - 152 km/h	1,2 - 1,6 m	gering
2	965 - 980 hPa	153 - 176 km/h	1,7 - 2,6 m	mäßig
3	945 - 964 hPa	177 - 208 km/h	2,6 - 3,7 m	großräumig
4	920 - 944 hPa	209 - 248 km/h	3,8 - 5,4 m	extrem
5	> 920 hPa	> 248 km/h	> 5,4 m	katastrophal

Tornado

Tornados entstehen nie aus heiterem Himmel, sondern nur im Zusammenhang mit schweren Gewittern. Manchmal begleiten sie auch tropische Wirbelstürme. Wenn sich kalte, trockene über warme, feuchte Luft schiebt, kann durch die Turbulenzen (siehe Seite 41) eine Art Gewitterturm entstehen, in dem die warme Luft nach oben schießt. Ganz oben wird sie gebremst und nach der Seite abgelenkt. Dadurch entsteht ein Kreisel aus sich drehender Luft, der immer schneller und heftiger wird und wie ein Staubsauer immer mehr Luft ansaugt. Der Kreisel wird für uns sichtbar, weil darin der Wasserdampf kondensiert. Er hat die Form eines Schlauchs oder Rüssels und kann bis auf den Boden reichen. Seine Kraft ist so groß, dass er alles mitreißt, was er erfasst, darunter ganze Häuser. Deshalb kann man seine Drehgeschwindigkeit kaum messen, sondern schätzt sie eher – jeder normale Windmesser würde zerstört werden! Man »misst« ihn deshalb nicht in km/h, sondern im Grad der Zerstörung, die er bewirkt (siehe Kasten). Das Brüllen eines Tornados ist kilometerweit zu hören und am lautesten in dem Moment, wo der Rüssel den Boden erreicht. Dann hat er auch seine größte Kraft.

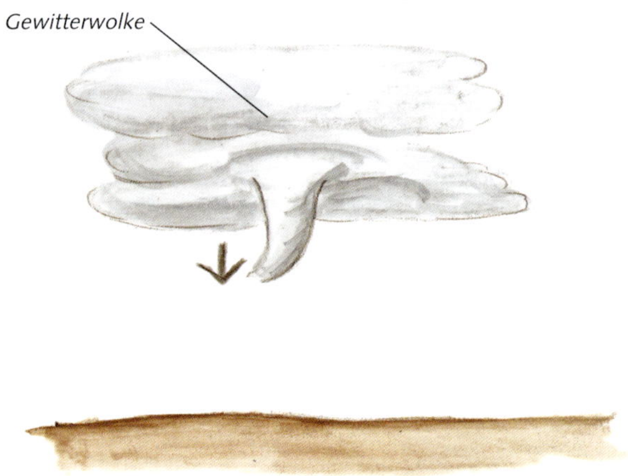

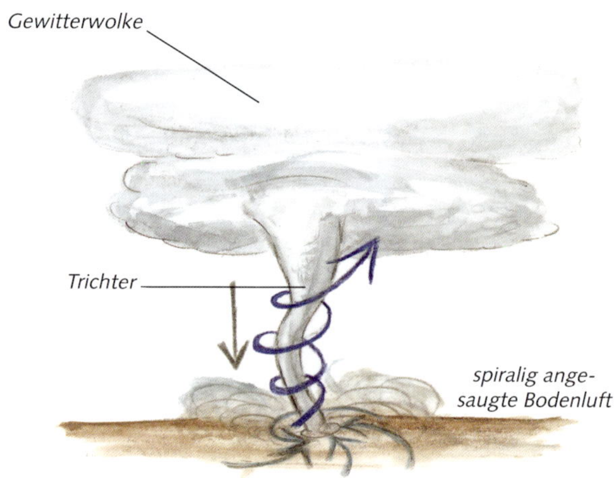

Wenn sich der »Rüssel« eines Tornados anfängt zu bilden, dauert es nur wenige Minuten oder gar Sekunden, bis er zum Boden herunterreicht und seine volle Zerstörungskraft entwickelt. Zwar »wächst« der Rüssel von oben nach unten, doch die Luft darin steigt – rasend schnell – von unten nach oben.

Die Fujita-Skala für Tornados

Stärke	Windgeschwindigkeit	Schadensstufe
F0	64 - 117 km/h	leicht
F1	118 - 180 km/h	mäßig
F2	181 - 251 km/h	beträchtlich
F3	252 - 330 km/h	schwer
F4	330 - 410 km/h	Verwüstung
F5	410 - 510 km/h	totale Zerstörung

Kurz, aber heftig

Ein Tornado bleibt nicht auf der Stelle stehen, sondern wandert mit einer Zuggeschwindigkeit von 40 bis 200 km/h weiter, bis er zusammenbricht. Das dauert einige Minuten bis eine Stunde und reicht mehrere Kilometer weit. Extreme Tornados können auch mehrere Stunden wüten, sie hinterlassen eine Schneise der Verwüstung von 100 km Länge oder mehr und sind zerstörerischer als Erdbeben. Tornados können auf der ganzen Welt auftauchen, vor allem aber zwischen dem 20. und dem 60. Breitengrad und am häufigsten im Mittelwesten von Nordamerika.

Die amerikanischen Meteorologen nennen dieses Gebiet – den Unterlauf des Mississippi, das Flusstal des Ohio und den Unterlauf des Missouri – deshalb auch die »Tornado-Allee«. Bis zu 800 Tornados wüten hier pro Jahr im Durchschnitt!

In unseren Breiten sind Tornados relativ selten und meist auch viel schwächer als auf dem amerikanischen Kontinent.

Überwachung und Warndienst

In Nordamerika, wo Tornados und tropische Wirbelstürme nicht selten sind, gibt es dafür eine eigene Überwachung und die Wetterstationen geben Warnungen heraus. Die ungefähre Zugbahn von Wirbelstürmen (hier Hurrikans genannt) kann man zwei bis drei Tage im Voraus berechnen und auf Satellitenbildern beobachten, sodass für die Menschen in den betroffenen Regionen genug Zeit bleibt, sich in Sicherheit zu bringen.

Anders bei Tornados: Zwar können die Meteorologen Wetterlagen, die die Bildung eines Tornados wahrscheinlich machen, gut voraussehen. Dann werden Warnungen herausgegeben, dass Tornados möglich sind. Doch man weiß nie, wann und wo dann wirklich einer entsteht. Wenn man ihn sieht, ist es meist zu spät, sich in Sicherheit zu bringen, denn dann bleiben nur noch Sekunden, höchstens einige Minuten Zeit.

Wenn ein Tornado über einer Wasserfläche entsteht, z. B. über dem Meer, dann saugt sein Rüssel statt Luft Wasser an. Dies nennt man eine Wasserhose. Ihre Zerstörungskraft ist nicht ganz so hoch wie die eines Tornados an Land.

Schneesturm

In diesem Skigebiet braut sich ein Schneesturm zusammen.

In Europa sind Schneestürme eher selten. In Nordamerika – wo man sie Blizzard nennt – gehören sie zum normalen Winter, und am Nord- und Südpol können sie mehrere Tage dauern. Der Wind weht mindestens mit Stärke 8 und kühlt die ohnehin kalte Luft noch mehr ab. Er peitscht den dichten Schneefall so durch die Luft, dass wir von Schneetreiben sprechen – man kann die Hand fast nicht mehr vor Augen sehen!

In Städten und auf den Straßen ist ein Schneesturm gefährlich, denn zu Kälte und Sturm kommt noch die schlechte Sicht dazu. Der Wind kann Schneeverwehungen von ein oder zwei Metern Höhe auftürmen, die alles blockieren und die Straßen- und Verkehrsverbindungen zusammenbrechen lassen. Dazu entstehen dicke Eisschichten, unter deren Last Stromleitungen reißen und Bäume zusammenbrechen können. Wenn es ganz schlimm kommt, können Autofahrer eingeschneit werden und Fußgänger die Orientierung verlieren und sich verlaufen. Die Gefahr zu erfrieren ist groß. Es kann sogar passieren, dass der Wind einem den feinen Schnee durch Mund und Nase mit so viel Druck in die Lungen presst, dass man daran erstickt.

Sandsturm

Sandstürme treten am häufigsten natürlich in den großen Sandwüsten der Erde auf, z. B. in der Sahara (Afrika). Doch auch in gemäßigteren Breiten kann es zu Sandstürmen kommen, z. B. nach einer langen Trockenperiode. In manchen Ländern gehören sie zum normalen Sommer, z. B. in Algerien.

Je nach Windrichtung, Stärke und Dauer des Sturms können viele Tonnen Sand tagelang durch die Luft gewirbelt und viele tausend Kilometer weit weggetragen werden – bei besonders schweren Sandstürmen sogar übers Meer auf andere Kontinente. So wurde im Jahr 1983 der rote Sand Australiens vom Wind bis nach Neuseeland verfrachtet, wo er auf den Gletschern abgelagert wurde und den Schnee rot färbte. Vielleicht erinnerst du dich sogar selbst noch daran, dass einmal Sand aus der Sahara zu uns geweht wurde. Und sogar Sand

In Ländern der Erde, in denen es Sandwüsten gibt, gehören Sandstürme zum normalen Wettergeschehen.

aus Nordamerika gab es schon einmal in Europa, der nach heftigen Stürmen von dort über den Atlantik bis zu uns kam!

Sandteufel oder Staubteufel

Dies sind kleinere Wirbelwinde, die in Gebieten mit großer Hitze, z. B. über einer Wüstenfläche oder erhitztem, nacktem Fels, plötzlich auftreten können. Sie entstehen in ähnlicher Weise wie Tornados durch Aufwinde und Rotationen, aber unabhängig von einem Gewitter und auch unabhängig von der Corioliskraft, sondern durch Turbulenzen (siehe Seite 41) von sehr heißer Luft. Sie halten nur kurz – oftmals nur wenige Sekunden – und sind längst nicht so zerstörerisch wie Tornados. Doch durch Steine oder kleine Gegenstände, die sie umherwirbeln, kann man trotzdem verletzt werden. Wissenschaftlich nennt man diese Erscheinung auch Kleintrombe (im Gegensatz zum Tornado, der eine Großtrombe ist). Die Größe kann von wenigen Dezimetern bis 100 oder 200 Metern Durchmesser reichen, die Höhe kann ebenso unterschiedlich sein. Sie erreichen Durchschnittsgeschwindigkeiten von 50 bis 100 km/h.

Andere Namen sind Heuteufel, Nebelteufel, Staubtrombe oder Sandtrombe.

Auf dem Mars beobachten Astronomen immer wieder heftige Staub- und Sandstürme. Seine Oberfläche ist wie eine riesige, kahle Steinwüste. Zum Glück sind die Wüsten auf der Erde viel kleiner ...!

Gefahren im Gebirge

Lawinen

Lawinen sind Schnee- und Eismassen, die einen Berghang herabrutschen. Das ist ein normaler Vorgang und passiert im Winter im Gebirge viele Male am Tag. Durch die Wucht des Abrutschens werden riesige Schneemengen fest zusammengedrückt – Lawinenschnee ist hart wie Beton. Wenn Lawinen über bebautem und bewohntem Gelände niedergehen, werden Häuser und Straßen oft restlos zerstört. Die Menschen haben kaum Überlebenschancen. Auch ein Wald schützt nicht vor einer einmal ausgelösten Lawine – die Bäume werden einfach mitgerissen. Im Wald ist jedoch die Gefahr einer Lawinenauslösung geringer als im freien Gelände, weil die Vegetation die Schneedecke besser zusammenhält.

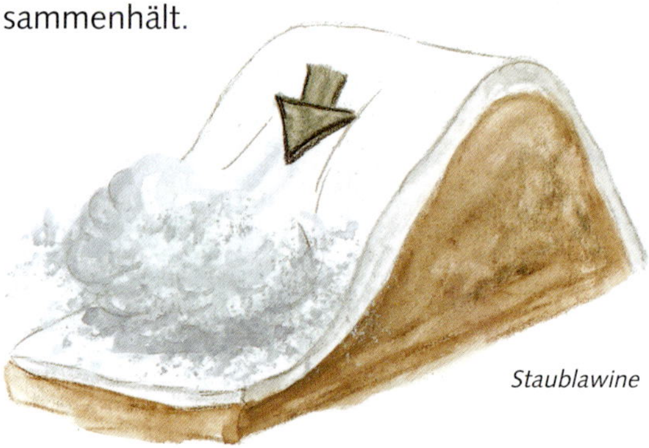

Wenn man in eine Staublawine gerät, wird man nicht von Schneemassen verschüttet, sondern man erstickt im dichten Schneestaub.

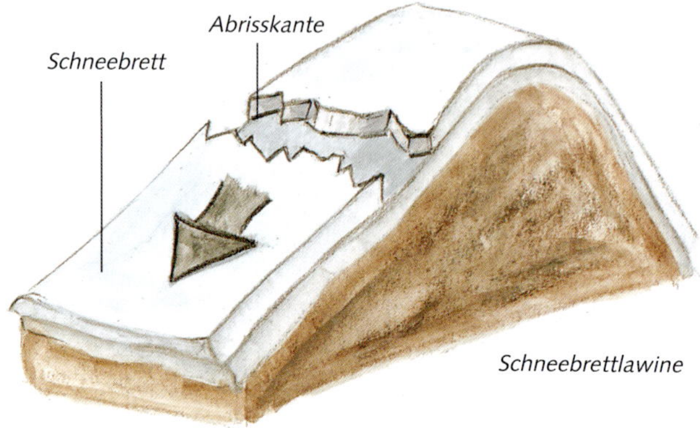

Bei einer Schneebrettlawine löst sich – oft mit lautem Knall – eine riesige Schneefläche an allen Seiten gleichzeitig und donnert zu Tal.

Je steiler ein Berghang ist, umso größer die Lawinengefahr – am gefährlichsten ist es bei einer Hangneigung von 30 – 50 Grad. Ab etwa 50 Grad ist es dann so steil, dass der Schnee gar nicht erst liegen bleibt. Sehr hohe Lawinengefahr herrscht z. B. nach Neuschneefall (der Schnee hat sich noch nicht gesetzt und liegt locker auf, kann also leichter abrutschen) oder in Bereichen, wo der Wind zusätzlichen Schnee hineingeblasen hat. Dieser

Die europäische Lawinen-Gefahrenskala

- Stufe 1: geringe Lawinengefahr
- Stufe 2: mäßige Lawinengefahr
- Stufe 3: erhebliche Lawinengefahr
- Stufe 4: große Lawinengefahr
- Stufe 5: sehr große Lawinengefahr

Lawinentypen

Kriechlawine: Der Schnee kriecht so langsam zu Tal, dass man es kaum sieht. Trotzdem können Bäume entwurzelt oder Felsblöcke verschoben werden.

Lockerschneelawine: Die Schneedecke reißt an einem Punkt ab, die Lawinenbahn wird nach unten immer breiter. Dieser Lawinentyp entsteht vor allem bei lockerem, kaltem Neuschnee.

Staublawine: Nach einem punktförmigen Abriss entsteht durch Luftturbulenzen dichter Schneestaub, der mit hohem Druck und hohem Tempo (bis 200 km/h) herabwirbelt (siehe Abbildung).

Schneebrett: Das ist der häufigste Lawinentyp. In wenigen Sekunden reißt eine riesige Fläche auf einmal ab (siehe Abbildung).

so genannte Triebschnee ist locker und unstabil. Viele weitere Dinge beeinflussen die Haltbarkeit der Schneeschichten, wie z. B. die Himmelsrichtung des Hangs, die Windrichtung, die Sonneneinstrahlung, der Temperaturverlauf (Schneeschichten können abwechselnd anschmelzen und wieder gefrieren) und die Unterlage (z. B. blanker Fels, Gras oder Altschnee).

Dies alles spielt auf sehr komplizierte Weise zusammen, und so ist Lawinenkunde eine schwierige Sache, für die man viel Erfahrung und Beobachtung braucht. Die Lawinen-Warnstufen (siehe Kasten) geben nur eine allgemeine Orientierung. Sie werden von den Lawinendiensten täglich herausgegeben. Doch genaue Aussagen sind damit nicht möglich! Jeder Berghang ist anders und jede einzelne Stelle in einem Hang ist anders beschaffen. Obwohl die Schneedecke an einer Stelle stabil und sicher ist, kann sie ein paar Meter weiter stark rutschgefährdet sein. Lawinen gehören somit zu den Naturereignissen, die sich niemals vollständig vorhersagen lassen.

Ein Schneeprofil erstellen: Lawinenexperten stechen ein Stück der Schneedecke ab und untersuchen den Aufbau der Schneeschichten.

Erdrutsche

Erdrutsche oder Muren entstehen, wenn starke Regenfälle den Boden an einem Hang so aufweichen, dass er abrutscht oder abbricht. Entweder löst sich dann die oberste Bodenschicht samt den Pflanzen, die darauf wachsen, und rutscht als Ganzes herunter. Oder der ganze Boden saugt sich so mit Wasser voll, dass große Flächen sich in Schlamm verwandeln und schließlich ins Rutschen kommen. Das Material kann – je nach Menge und je nach Steilheit des Geländes – gleiten, fließen oder stürzen. Wenn es sehr schnell den Berg herabkommt, spricht man auch von einem Fels- oder Bergsturz. Wenn ein solcher Erdrutsch zu Tal fließt, reißt er ähnlich wie eine Schneelawine alles mit, was auf seinem Weg liegt, und begräbt es unter sich. Zusätzlich können sich durch die Muren Wälle bilden, die Regenwasser oder Gebirgsbäche aufstauen. Wenn diese Schuttmassen durch den Druck des aufgestauten Wassers schließlich brechen, kommt es zu Flutwellen, die das darunterliegende Tal überschwemmen.

Auch Erschütterungen können Erdrutsche auslösen, z. B. durch Steinschlag. Bei der Schneeschmelze sind kleinere Muren ein natürliches Ereignis: Die schmelzenden Schneemassen weichen auch mal ein Stück des Bodens auf, das sich dann löst.

Muren lassen sich schwer vorhersagen – die Gefahr ist viel schwerer einzuschätzen als bei Lawinen. Schwerer oder lang anhaltender Regen im Gebirge erhöht die Gefahr. Doch niemand weiß, an

Bergwaldaufforstung, wie hier in den Bayerischen Alpen, ist eine wichtige Maßnahme zum Schutz vor Muren.

welcher Stelle die Erde irgendwann zu schwach wird und den Halt verliert. Die Geologen können durch aufwendige Messungen und Untersuchungen nur gefährdete Zonen oder Gebiete ermitteln. Ist ein Erdrutsch einmal in Gang, gibt es kaum mehr eine Chance zu entkommen.

Gesunder Bergwald schützt

Schutz vor Muren bietet z. B. ein dichter, gesunder Bergwald. Dort kann das Wasser nicht ungebremst auf den Erdboden auftreffen, sondern wird durch die Bäume und viele andere Pflanzen (z. B. Moose, Farne, Sträucher) wie mit einem Schwamm aufgefangen und verdunstet dann langsam wieder.

Im Gebirge gibt es heute häufiger Muren als früher, da in zahlreichen Gebieten der Bergwald nicht mehr gesund ist. Hänge, die muren- und lawinengefährdet sind, versucht man manchmal durch technische Bauten (z. B. Lawinenfanggitter) zu schützen. Doch dies sieht nicht nur sehr unschön aus, sondern ist auch sehr, sehr teuer. Der beste Schutz vor Muren ist, in gefährdeten Regionen gar nicht erst Häuser und Straßen zu bauen – und zweitens, den Bergwald zu schützen und gesund zu erhalten.

In kleinerem Ausmaß gehören Erdrutsche allerdings auch zur normalen Erosion (= Abtragen von Fels und Boden durch Wetter und Umwelteinflüsse), die in jedem Gebirge stattfindet.

Muren haben eine große Zerstörungskraft.

Dürre

Extreme Trockenheit kann in den mittleren Breiten genauso auftreten (z. B. im Mittelmeergebiet) wie in den Tropen und Subtropen, z. B. in Afrika. In bestimmten Klimazonen sind Trockenzeiten normal und die Vegetation hat sich genauso daran angepasst wie die Tiere. Auch nach einer längeren Trockenzeit kann sich die Natur wieder erholen, wie z. B. nach einem El-Niño-Ereignis (siehe Seite 46).

Von einer Dürre und von einer Naturkatastrophe sprechen wir erst dann, wenn es in einem Gebiet viel länger nicht regnet, als es für das Klima dort normal wäre. Dann verdorren die Pflanzen dauerhaft, und nicht nur Gewässer trocknen aus, sondern auch der Boden. Wenn es keine Pflanzen mehr gibt, finden die Tiere nichts mehr zu fressen und sie müssen sterben. Auch die Menschen sind in Gefahr, wenn sie kein Trinkwasser mehr finden und die Ernte zerstört wird.

Dazu kommt, dass der Boden ohne Pflanzendecke ungeschützt dem Wetter ausgesetzt ist. Dies führt zu Erosion, das bedeutet: Die fruchtbare Erde wird von Wind und Wasser abgetragen, bis nur noch trockener Sand, harter Lehm oder blankes Gestein übrig ist. Dies erhöht die Gefahr von Sandstürmen und Bränden. Wenn es dann wieder regnet, wachsen kaum neue Pflanzen, weil die fruchtbare Erde verloren ist. Die Region wird zur Wüste. In den letzten Jahren haben Dürrezeiten in Afrika und anderen Ländern zugenommen und betreffen immer größere Gebiete. Dies nennen wir Desertifikation (von lat. deserta = Wüste).

Weltweit leiden und sterben Millionen Menschen an Hunger und Durst, weil ihr Land von häufiger oder lang dauernder Dürre betroffen ist. Das wenige Wasser, das manchmal noch verbleibt, ist dann häufig verunreinigt, was zum Ausbruch von Krankheiten führt. Teilweise wird das Problem auch dadurch verschlimmert, dass die Menschen eine Art der Landwirtschaft (z. B. Monokultur) anwenden, die die Erosion fördert.

Eine Dürre kann ein riesiges Gebiet unfruchtbar machen.

Waldbrand

Auch hier gilt wieder: Waldbrände können zum natürlichen Geschehen einer bestimmten Klimazone gehören (siehe Seite 10). Die Gefahr eines Waldbrands steigt nach lang anhaltenden Hitzewellen, z. B. bei El Niño (siehe Seite 46 – 47). Die Pflanzen und der Boden sind dann so trocken, dass ein einziger Funke genügt – z. B. durch eine achtlos weggeworfene Zigarettenkippe oder durch Funkenflug von einem Lagerfeuer –, um einen Waldbrand auszulösen. Wenn dabei noch Wind geht, werden die Funken des Feuers weit weggetragen, sodass immer wieder an neuen Stellen Feuer ausbricht. Deshalb arbeitet die Feuerwehr oft eng mit Meteorologen zusammen. Diese informieren sie ständig z. B. über Änderungen der Windrichtung, damit die Brandbekämpfer schnell reagieren können.

Schwer unter Kontrolle zu bringen

Ist ein Waldbrand einmal ausgebrochen, ist er sehr schwer zu bekämpfen und kann leicht außer Kontrolle geraten. Schnell brennen große Flächen ab, die durch das trockene Pflanzenmaterial immer neue Nahrung bekommen. Die schnelle Ausbreitung und der viele Rauch, der dabei entsteht, machen die Löscharbeiten schwierig und gefährlich. Immer wieder verlieren Feuerwehrleute bei Waldbränden ihr Leben. Wenn sich ein Waldbrand einer Stadt oder Dörfern und Häusern nähert, müssen diese notfalls evakuiert werden.

In Nordamerika, wo in den großen Waldgebieten und Nationalparks Waldbrände häufiger vorkommen, werden in waldbrandgefährdeten Regionen bei zunehmender Trockenheit Gefahrenstufen ausgerufen. Je nach Stufe werden dann bestimmte Dinge verboten – vom Lagerfeuerverbot bis hin zum Verbot, den Wald überhaupt zu betreten. Eine abgebrannte Fläche wieder zum Wald zu machen (= wieder aufzuforsten) ist eine schwierige und langwierige Aufgabe – und sehr teuer.

Erdbeben

Die Erde ist nur scheinbar ein festes Gebilde. In ihrem Inneren ist sie flüssig – ein Kern aus glühendem Gestein, dem Magma. Die feste Schicht, auf der wir leben, die Erdkruste, schwimmt auf dem flüssigen Kern auf und ist ständig in Bewegung. Die Kontinente (= Kontinentalplatten) bewegen sich mit einer Geschwindigkeit von wenigen mm pro Jahr aufeinander zu bzw. voneinander weg. Wenn sie sich bei ihrer langsamen Verschiebung ineinander verkanten oder hängen bleiben, entstehen Spannungen. Beim Weitergleiten der Platten lösen sich diese ruckartig. So entstehen die meisten Erdbeben. Weil dies vor allem an den Plattengrenzen passiert, häufen sich Erdbeben in bestimmten Regionen. Es gibt drei Haupttypen von Bewegungen an den Plattengrenzen: die Divergenz, die Subduktion und die Transformation (siehe Abbildungen).

Subduktion: *Hierbei stoßen zwei Kontinentalplatten zusammen und eine taucht unter die andere ab. Beim Zusammenstoß entstehen Erdbeben. Da die abtauchende Platte sich mit zunehmender Tiefe durch die steigende Hitze im Erdinneren verflüssigt, entstehen in der Nähe solcher Subduktionszonen immer auch Vulkane: Das flüssige Material steht unter hohem Druck und sucht sich seinen Weg nach oben.*

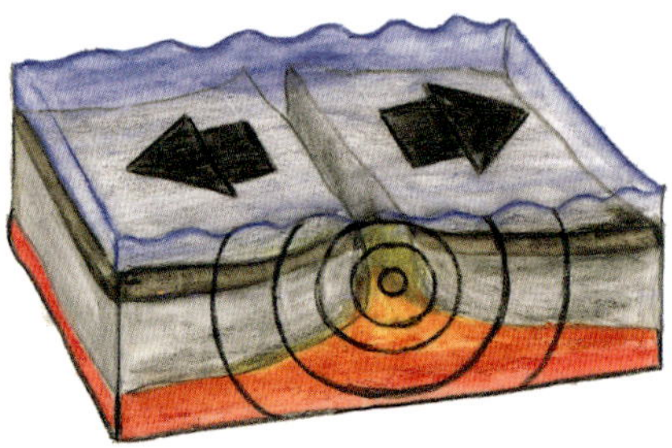

Divergenz: *Auf dem Meeresboden (z.B. am mittelatlantischen Rücken) gibt es Zonen, in denen aus dem Erdinneren neues Erdkrusten-Material aufsteigt: Hier werden die Kontinentalplatten neu gebildet. Die Platten werden auseinander geschoben, was ein Erdbeben verursachen kann.*

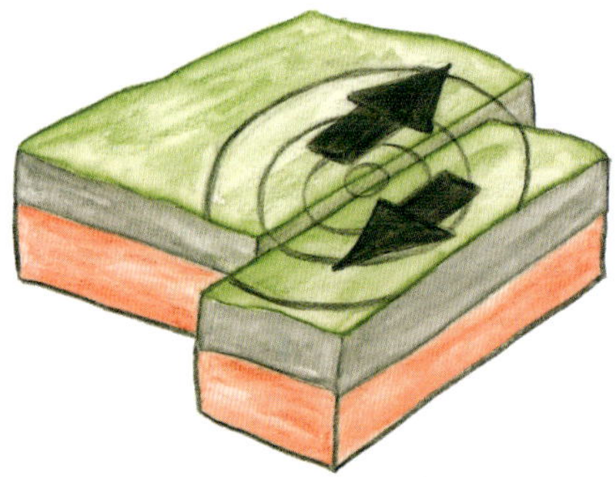

Transformation: *Bei dieser Bewegung bewegen sich die Kontinentalplatten seitlich aneinander vorbei. Wenn sie sich »verhaken«, können besonders schwere Erdbeben entstehen. Eine berühmte Transformationszone ist die San-Andreas-Verwerfung, eine lange »Nahtstelle« des nordamerikanischen Kontinents, die an der Westküste entlangläuft von Mexiko bis San Francisco.*

Bei unterseeischen Beben spricht man auch von Seebeben. Aber das ist nicht ganz richtig, denn auch hier ist es die Erdkruste, die erschüttert wird.

Die übrigen Erdbeben sind Folge von Vulkantätigkeit (siehe Seite 66) oder von anderen Ereignissen, z. B. einstürzenden Höhlen in der Erdkruste oder Spannungen im Inneren einer Platte. Sie alle sind viel weniger heftig als der oben beschriebene Erdbebentyp. Sie kommen z. B. im Rheingraben in Südwestdeutschland und in den dortigen Mittelgebirgen (Schwarzwald) vor.

Gewaltige Kräfte

Ein schweres Erdbeben kann sich über einen ganzen Kontinent ausbreiten. Die Erschütterungen verbreiten sich wellenförmig im Boden mit bis zu 13 km/h Geschwindigkeit. In den Nachrichten wird die Stärke von Erdbeben meist in Stufen auf der Richter-Skala angegeben. Das sind die Ausschläge, die man auf den Geräten abliest, die die Erschütterungen messen (= Seismografen). In der Forschung wird heute jedoch meist eine andere Skala verwendet, die Mercalli-Skala. Sie stuft ein Erdbeben nach dem Ausmaß der Schäden ab.

Einen Schutz vor Erdbeben gibt es nicht und auch kein Frühwarnsystem, weil man Erdbeben, wenn überhaupt, nur um wenige Minuten vorhersagen kann. Doch in erdbebengefährdeten Gebieten hat man eine Bautechnik entwickelt, die die Gebäude ein Stück weit vor dem Einsturz bewahren kann: Die Häuser werden auf beweglichen Fundamten errichtet, die die Erdstöße wie ein Stoßdämpfer auffangen.

Die Mercalli-Skala

Grad	Stärke	Auswirkungen
I	Nicht wahrnehmbar	keine
II	sehr leicht	vereinzelt spürbar
III	leicht	nur von ruhenden Personen spürbar
IV	mäßig stark	Fenster klirren
V	ziemlich stark	im Freien spürbar, Gegenstände bewegen sich
VI	stark	leichte Schäden, schwere Möbelstücke bewegen sich, Putzrisse
VII	sehr stark	Menschen flüchten ins Freie, Kamine stürzen ein
VIII	zerstörend	ältere Häuser stürzen ein, Bäume schwanken
IX	verwüstend	Schäden auch an gut gebauten Häusern, Bodenrisse
X	vernichtend	Bodenspalten bis zu einem Meter, Eisenbahnschienen verbiegen sich
XI	Katastrophe	kaum ein Gebäude steht noch, umfangreiche Veränderungen des Erdbodens
XII	große Katastrophe	alle Gebäude sind zerstört, Bebenwellen sind auf der Bodenoberfläche sichtbar

Tsunami

Die Folgen eines Tsunami können verheerend sein, vor allem an flachen Küsten, wo die Welle weit in das Land hineingelangen kann.

Tsunamis sind Riesenwellen, die nach einem unterirdischen Erdbeben entstehen und Inseln und Kontinente überrollen. Auch Vulkanausbrüche oder der Einschlag eines Kometen ins Meer kann einen Tsunami auslösen. Besonders häufig sind sie entlang des Pazifischen Feuerrings (siehe Seite 66).

Tsunamiwellen können bis zu 30 Meter hoch und bis zu 1000 km/h schnell werden. Draußen auf dem Meer sind sie noch klein, etwa 1 m hoch. Sie erhöhen sich mit zunehmender Nähe zum Land, weil das Meer immer flacher und damit immer mehr Wasser aufgetürmt wird. An flachen Stränden, Flussmündungen und Buchten kann die Welle mehrere Kilometer ins Land hineinschwappen. Die riesigen Wassermengen der Welle haben eine so gewaltige Kraft, dass man auch als guter Schwimmer machtlos ist, denn die Wellen schleudern Menschen ebenso wie Gegenstände umher, sodass man eher an schweren Verletzungen stirbt als ertrinkt.

Der Name bedeutet auf Japanisch »lange Hafenwelle«: Japanische Fischer, die dieses Phänomen erstmals beschrieben haben, hatten auf See nichts von der Welle bemerkt und fanden erst bei ihrer Rückkehr in den Hafen ihr Land zerstört vor.

Ein Tsunami ist übrigens nicht das Gleiche wie eine so genannte Monster- oder Riesenwelle: Diese entsteht nicht durch ein Erdbeben, sondern z. B. wenn sich durch die Kombination aus heftigem Wind und starkem Seegang Wellen auf dem Meer besonders hoch auftürmen (z. B. in Gegenden mit Meeresströmungen). Im Gegensatz zum Tsunami, bei dem das Meer vom Grund bis an die Oberfläche bewegt wird, rollen Monsterwellen nur an der Wasseroberfläche.

Man kann einen Tsunami nicht verhindern, aber es gibt in einigen Ländern bereits Frühwarnsysteme (z. B. Bojen, die die Veränderung des Meeresspiegels messen). Dann sind je nach Entfernung vom Ausgangspunkt des Tsunami noch mehrere Stunden Zeit zur Evakuierung.

Am 26. Dezember 2004 wurden Sri Lanka, Thailand, die Indonesischen Inseln und auch ein Teil der ostafrikanischen Küste von einem der größten Tsunamis der Geschichte überrollt. Auslöser war ein Erdbeben im Indischen Ozean mit einer Stärke von über 9 auf der Richterskala. Rund 200 000 Menschen kamen damals ums Leben – die genaue Zahl steht bis heute nicht fest, viele Menschen sind noch immer vermisst. Über 100 000 Menschen wurden verletzt, 1,7 Millionen verloren ihr Haus, Hab und Gut und wurden obdachlos.

Seitdem arbeitet man daran, ein Frühwarnsystem zu entwickeln. Es kann zumindest die Todesfälle verhindern helfen, denn von dem Moment an, wo man ein unterseeisches Erdbeben registriert, bleiben – je nach Entfernung der Küsten – noch mehrere Stunden Zeit, die Menschen in den gefährdeten Gebieten zu evakuieren und in Sicherheit zu bringen.

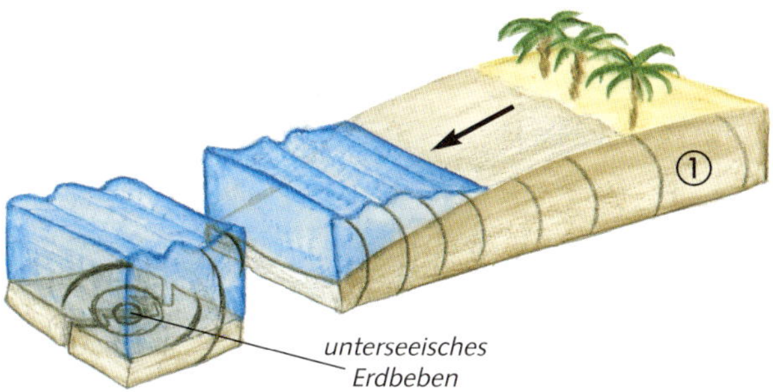

So entsteht ein Tsunami: Ein Erdbeben unter dem Meer bringt das Meerwasser darüber in Bewegung, wie ein riesengroßes »Schwappen«. Diese Bewegung setzt sich bis zur Küste, die tausende Kilometer entfernt sein kann, fort. Meist gibt es einige Minuten vorher einen starken Sog von der Küste weg, d. h., das Wasser zieht sich wie bei einer gewaltigen Ebbe erst zurück ①. Dann kommt es zurück in Form von einer oder mehreren meterhohen Wellen, mit tiefen Wellentälern dazwischen ②.

Vulkanausbrüche

Weltweit gibt es mehr als 500 aktive Vulkane. Sie befinden sich an Stellen, an denen die Erdkruste aktiv ist und die darunterliegende flüssige und heiße Schicht des Erdmantels durchlässt. Die allermeisten Vulkane finden wir auf dem so genannten Pazifischen Feuerring. Er verläuft entlang der nord- und südamerikanischen Westküsten bis Japan und über die Inseln in Südostasien. Hier schieben sich die Kontinentalplatten in so genannten Subduktionszonen übereinander (von lat. subducere = darunterschieben), d. h., die Kruste einer Platte schiebt sich in die darunterliegende heiße Schicht der anderen Platte und schmilzt (siehe Seite 62). Diese Masse, das Magma, steigt auf und bildet Vulkane.

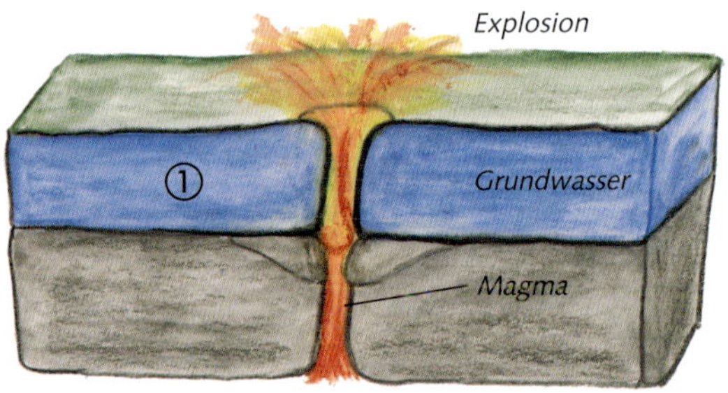

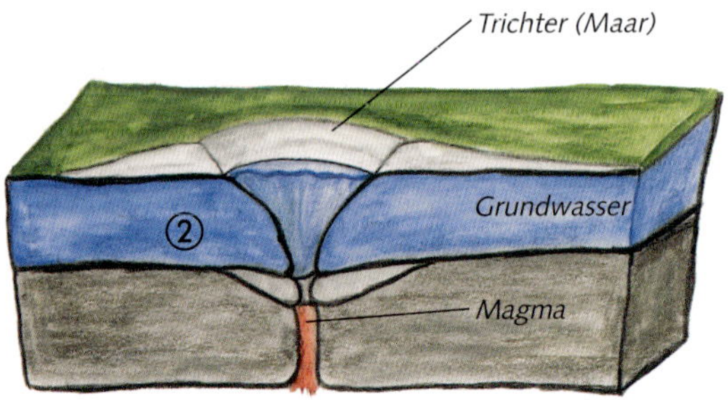

So entsteht ein **Maar**: *Ein Vulkan bricht aus, doch über der Stelle, an der er aus dem Boden kommt, steht Wasser. ① Es bremst den Vulkanausbruch etwas ab. Das Bodenmaterial, das über dem Wasser explodiert, wird zur Seite geschleudert. So entsteht ein Trichter. Wenn das Magma erkaltet und erstarrt, füllt sich der Trichter mit Wasser ②.*

Nicht alle Vulkane sind kegelförmig mit einem tiefen Krater in der Mitte. Sie können auch flach und schildförmig sein (Schild- und Deckenvulkane) oder tief liegend, wie die berühmten **Maare** in der Eifel in Westdeutschland. Diese sind vor 10 000 Jahren unterirdisch entstanden und nicht mehr aktiv.

Calderavulkane wiederum sind entstanden, wenn ein besonders heftiger Ausbruch den ganzen Gipfel weggesprengt hat. Der Kraterkessel, der dadurch entsteht, kann bis zu 1000 m tief sein und 20 km Durchmesser haben.

Doch nicht immer muss ein Vulkan so heftig ausbrechen. Manchmal fließen nur seine Lavaströme ruhig den Berg hinab. Dennoch ist dies gefährlich, denn die Lava ist mehrere hundert °C heiß. Auch die Glutwolken eines Vulkanausbruchs sind mit bis zu 700 °C sehr heiß. Wenn auf dem

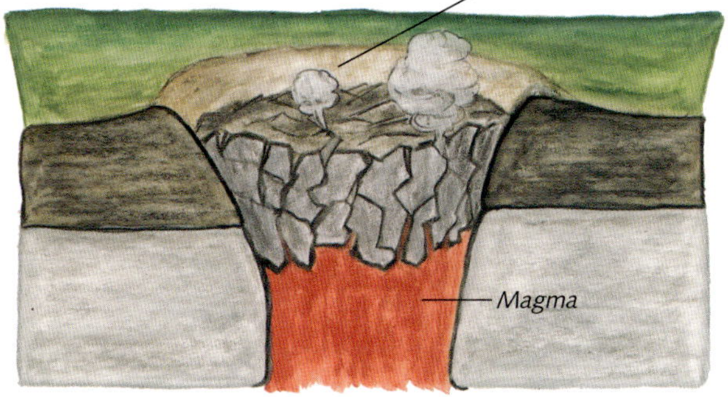

Wenn ein Vulkanausbruch besonders heftig ist, kann die ganze Spitze des Vulkans abbrechen und in sich zusammenfallen. Um die Stelle herum sackt dann der Boden etwas ein und eine Art flacher »Schüssel« entsteht: die **Caldera**.

Vulkanberg Schnee liegt, schmilzt dieser durch die Hitze, dann rasen zusätzlich Schlammlawinen (= Lahars) zu Tal. Auch größere Erdrutsche können ausgelöst werden. Bei einem großen Ausbruch können Millionen Tonnen von Staub und Asche bis in eine Höhe von 65 km geschleudert werden! Diese Staubpartikel verbleiben über viele Jahre in der Atmosphäre. Weil sie die Sonnenstrahlen absorbieren, kann sich das Klima nachhaltig verändern (siehe Seite 74 – 77).

Heute sind Vulkanausbrüche mit modernster Technik meist gut vorhersehbar. Einige Tage vorher zeichnen empfindliche Geräte leichte Erschütterungen, Verformungen und Temperaturänderungen im Gestein auf. Dann kann man betroffene Wohngebiete rechtzeitig evakuieren.

Die viele hundert Grad heiße Lava tötet alles Leben, über das sie hinwegfließt. Doch wenn sie erstarrt ist, gibt sie einen fruchtbaren Boden für neues Pflanzenwachstum ab!

Nur Experten, die die Gefahr genau einschätzen können, können Vulkane aus solcher Nähe fotografieren.

Spiel & Spaß

Hättest du das gedacht?

- Pro Tag ereignen sich auf der Welt rund 40 000 Gewitter.
- Ein Blitz hat eine Energie von mehreren hundert Kilowattstunden. Das entspricht ungefähr der Menge an Strom, den eine Familie in Deutschland in einem Monat verbraucht!
- Pro Jahr entstehen auf der Erde rund 80 tropische Wirbelstürme. Viele davon richten keinen Schaden an, weil sie über dem Ozean bleiben und sich nicht auf festes Land zubewegen.
- Pro Jahr gehen in den Gebirgen der Welt ca. 25 000 größere Lawinen ab.
- Auf der Südhalbkugel drehen sich Wirbelstürme im Uhrzeigersinn, auf der Nordhalbkugel gegen den Uhrzeigersinn.
- Pro Tag ereignen sich mehrere tausend Erdbeben. Doch die meisten davon sind so schwach, dass wir sie nicht bemerken.
- Tiere scheinen einen besonderen Sinn für Erdbeben zu haben. Immer wieder gibt es Berichte von Rindern oder anderen Haustieren, die sich Stunden vor einem Erdbeben merkwürdig oder unruhig verhielten.
- Der höchste Berg der Erde ist, streng genommen, nicht der Mount Everest mit 8848 Metern – sondern ein Vulkan: Der Mauna Loa auf Hawaii fußt in 5000 m Meerestiefe und ragt 4170 m über die Meeresoberfläche hinaus. Er ist insgesamt also 9170 m hoch!
- Tropische Wirbelstürme heißen ab einer bestimmten Windstärke in der Karibik Hurrikan, im Pazifik Taifun, im Indischen Ozean Zyklon, in Australien Willy-Willy.

Die Entfernung eines Gewitters abschätzen

Wenn ein Gewitter ein Stück von uns entfernt ist, sehen wir zuerst den Blitz und hören erst einige Sekunden später den Donner. Das liegt daran, dass sich das Licht viel schneller ausbreitet als der Schall. Er legt pro Sekunde etwa 300 m zurück. So kannst du die Entfernung eines Gewitters abschätzen: Zähle die Sekunden zwischen Blitz und Donner und teile sie durch drei. Dann hast du ungefähr die Kilometer, die der Schall des Donners bis zu dir zurückgelegt hat. Wenn die Abstände immer kürzer werden, kommt das Gewitter auf dich zu, wenn sie immer länger werden, bewegt es sich von dir weg.

Es gibt einen einzigen Ort auf der Erde, an dem sich niemals ein Gewitter ereignet. Wo ist das?

Lösung auf Seite 96!

Minigewitter

Elektrische Ladungen, wie sie bei einem Gewitter entstehen und sich im Blitz entladen, kannst du im Kleinen selbst erzeugen. Nimm eine Decke oder Mütze aus echter Wolle und eine aus Kunstfaser (Nylon oder Fleece) und reibe sie aneinander. Wenn du die Stoffe jetzt auseinander ziehst, knistert es. Du hast kleine elektrische Ladungen erzeugt.

Lawinenbahn erkennen

Wenn du im Sommer auf einer Bergwanderung unterwegs bist, halte Ausschau nach Stellen, an denen im Winter häufig Lawinen niedergehen. Du erkennst solche Lawinenschneisen z. B. daran, dass mitten im Bergwald auf einer bestimmten Breite kaum alte Bäume stehen, sondern nur Gestrüpp und ganz junge Bäume. Auch Waldabschnitte, in denen nur Lärchen stehen, können ein Hinweis darauf sein. Denn Lärchen sind sehr biegsame Bäume mit weichem Holz, die Lawinen oft standhalten und weiterwachsen, selbst wenn rundum alle anderen Bäume abgebrochen oder entwurzelt sind.

Temperaturspeicher

Der Unterschied zwischen dem ozeanischen und dem kontinentalen Klima (siehe Seite 13) kommt daher, weil Wasser sich viel langsamer aufwärmt oder abkühlt als der Boden des Festlands. Nimm zwei gleiche Gläser oder Schüsseln. Fülle eins davon mit klarem Wasser, das andere mit möglichst trockener (das ist wichtig) Blumenerde oder trockenem Sand (ein Gemisch aus beidem geht auch). Nun stellst du beide Gefäße für mehrere Stunden in die Sonne. Miss die Temperatur im Wasser und im Erde-Sand-Gemisch ①.

Stelle beide Gefäße in den Schatten oder an eine andere kühle Stelle.

Miss nach zwei, drei und vier Stunden wieder die Temperatur ②.

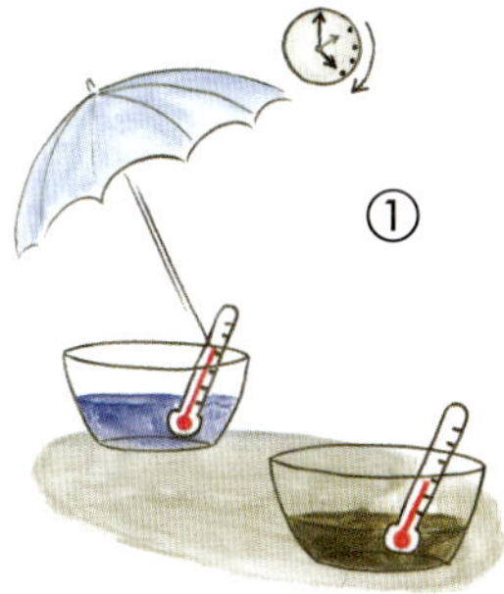

①

②

Jetzt beobachte:

Die Temperatur im Wasser sinkt langsamer ab als die in der Erde. Wenn du den Versuch in umgekehrter Richtung machst, wirst du feststellen, dass die Wassertemperatur langsamer steigt als die der Erde.

Energieverbrauch

So ähnlich, wie das Verdunsten von Wasser der Umgebung Wärme entzieht (siehe Seite 14), verbaucht auch das Schmelzen von Eis zu Wasser Energie. Das kannst du nachmessen: Fülle eine kleine Schüssel oder ein Glas mit Eiswürfeln und gieße Wasser dazu. Jetzt miss die Temperatur in dem Eis-Wasser-Gemisch. Sie liegt bei ungefähr 0 °C. Nun streust du zwei Löffel Speisesalz hinein. Rühre um und beobachte das Thermometer:

Zweierlei passiert: Das Salz bringt das Eis zum Schmelzen. Und dabei sinkt die Temperatur! Wenn Wasser seinen Aggregatzustand in die »höhere Stufe« ändert (von flüssig zu gasförmig oder wie hier von fest zu flüssig), braucht es viel Energie. Diese entzieht es als Wärme der Umgebung. Die Energie »steckt« jetzt im Wasser. Und jetzt weißt du auch, warum die Ozeane im Winter nicht zufrieren: Salzwasser gefriert erst bei einigen °C unter null.

Eisberg bauen

Mit einer Schüssel voll frischer Eiswürfel aus dem Gefrierfach kannst du eine Eispyramide bauen. Das ist gar nicht so einfach, weil die Eiswürfel an der Luft zu tauen beginnen und dadurch glatt und glitschig werden. Wer schafft trotzdem die höchste Pyramide oder den höchsten Turm?

Der Tanz auf der Eisscholle

Dieses Spiel macht umso mehr Spaß, je mehr Kinder mitspielen. Zu eurer Lieblingsmusik tanzen alle auf einer großen, ausgebreiteten Decke, das ist eure Eisscholle. Immer wenn die Musik stoppt, wird die Decke ein Stück kleiner gefaltet, denn die Eisscholle schmilzt! So wird es immer enger auf dem Eis, bis die ersten Kinder »ins Wasser fallen«.

Die Reise auf dem fliegenden Teppich

Achtung, alle an Bord – wir starten zu einer Fantasiereise rund um die Welt und durch alle Klimazonen! Die »Passagiere« nehmen auf einem Teppich oder einer Decke Platz, ein Erzähler setzt sich daneben, und los geht's: Zuerst trägt euch ein Hoch weit hinauf in die Atmosphäre, dann geht es mit dem schnellen Jetstream – festhalten! – in rasendem Tempo über den Atlantik. Unterwegs trefft ihr einen Hurrikan, der euer Fluggerät ganz schön ins Kreiseln bringt ... Welche Wetter-Abenteuer fallen dem Erzähler noch ein, die ihr auf eurem Teppich nachspielen könnt?

Wetterrekorde

Der kälteste Ort der Erde ist die Antarktis. Im Jahresdurchschnitt ist es dort −58 °C kalt. Der Rekord liegt bei −89,2 °C, gemessen im Jahr 1983 an der Station Wostok.
Die heißeste Temperatur wurde mit 57,7 °C an einem Tag im Jahr 1922 in Libyen gemessen.
Der größte Temperaturunterschied im Jahresverlauf: In Werchojansk (Sibirien) misst man durchschnittlich im Winter −68 °C und im Sommer 37 °C.
Der trockenste Ort der Welt ist die Atacama-Wüste in Chile. Hier regnet es fast nie – in 100 Jahren gibt es nur ein paar kurze Schauer.
Die meisten Regentage im Jahr: Auf dem Mount Waialeale auf der Insel Kauai (Hawaii) regnet es im Schnitt an 350 Tagen des Jahres.
Die schnellsten Winde: Die größten Windgeschwindigkeiten, die man bisher messen konnte, liegen bei etwa 500 km/h. Das ist mehr als halb so schnell, wie ein Flugzeug fliegt.
Das schwerste Hagelkorn wurde 1986 in Bangladesch nachgewiesen. Es wog 1 kg.
Der größte Niederschlag innerhalb einer Minute wurde mit 31,2 mm 1956 in Nordamerika gemessen – das bedeutet, in einer Minute fielen auf einen Quadratmeter 31,2 Liter Regen.
Die meisten Gewitter gingen vor ca. 40 Jahren in Tororo (Uganda, Afrika) nieder. Hier blitzte und donnerte es an durchschnittlich 251 Tagen im Jahr.
Die höchste Schneedecke wurde 1944 auf der Zugspitze, dem höchsten Berg Deutschlands (2962 m), gemessen: Sie war 9,4 Meter hoch.
Die höchste Zahl an Nebeltagen gab es 1958 mit 330 Tagen auf dem Berg Brocken (1142 m) im Harz.

Winter 2006 in München.

Klimageschichte der Erde – Klimaänderung heute

Klimaänderungen früher

Das Klima auf der Erde hat sich schon manches Mal verändert. Das wissen wir aus vielen wissenschaftlichen Forschungsarbeiten, z. B. durch die Untersuchung von geologischen Ablagerungen (= Sedimenten), tief liegenden Eisschichten an den Polen oder Fossilien. So gab es in den letzten 600 Millionen Jahren vier große Eiszeiten, d. h. Zeiträume, in denen das Klima auf der ganzen Welt kälter war als heute. Auch Kometeneinschläge und besonders große Vulkanausbrüche wurden nachgewiesen. Dabei können Asche und Staub die höheren Schichten der Atmosphäre so verdunkeln, dass ein Teil der Sonnenstrahlen verschluckt (= absorbiert) wird. Dann sinken die Temperaturen auf der Erde.

Meist jedoch haben sich Klimaänderungen sehr, sehr langsam vollzogen – das heißt über Jahrtausende oder gar Jahrmillionen. So hatten Pflanzen und Tiere genügend Zeit, sich z. B. an stärkere Sonnenstrahlung oder kältere Temperaturen anzupassen.

Der Einfluss des Menschen auf das Klima

Es gibt viele Hinweise darauf, dass wir Menschen durch manches, was mit unserer heutigen Lebensweise zu tun hat, das Klima auf der Erde beeinflussen und verändern. Viele dieser Zusammenhänge waren lange umstritten und manches lässt sich noch immer nicht eindeutig beweisen. Doch kein ernsthafter Wissenschaftler zweifelt mehr daran, dass wir heute zu einer Klimaänderung mindestens beitragen oder sie beschleunigen – beispielsweise

Zur Eiszeit, die vor rund 10 000 Jahren zu Ende ging, erstreckte sich die Eisdecke des Nordpols bis nach Mitteleuropa. Auch die Alpen und die Pyrenäen waren jeweils von einer mehrere km dicken Eisschicht bedeckt, die weit über die Gebirge hinausreichte.

durch den Treibhauseffekt, das Ozonloch und die Regenwaldabholzung.

Der Treibhauseffekt und die Klimagase

Zunächst einmal: Ohne einen Treibhauseffekt könnten wir auf der Erde gar nicht leben, sie wäre kalt (siehe Seite 8) und tödlich verstrahlt. Die so genannten Treibhausgase – Wasserdampf (H_2O), Kohlendioxid (CO_2), Methan (CH_4) und einige andere – verhindern, dass der wärmende Teil der Sonnenstrahlen wieder in den Weltraum abstrahlt. Sie halten diese Wärme in der Atmosphäre fest – wie das Glas eines Treibhauses die Sonnenwärme im Inneren festhält.

Der natürliche Treibhauseffekt ist jedoch ein empfindliches Gleichgewicht, das sich in der jahrmilliardenlangen Geschichte der Erde eingestellt hat. Am Beispiel Kohlendioxid heißt das: Pflanzen verbrauchen dieses Gas, indem sie es in ihren Pflanzenkörper einbauen. Diese Moleküle werden also aus der Atmosphäre weggenommen. Eine lebende Pflanze wirkt wie ein CO_2-Speicher. Wenn sie stirbt, wird beim Verrotten das Gas wieder frei und kann in der Atmosphäre wirken. Im natürlichen Gleichgewicht sterben genauso viele Pflanzen, wie neue nachwachsen. So bleibt der CO_2-Gehalt in der Atmosphäre immer gleich.

Dieses Gleichgewicht haben wir vor rund 200 Jahren, als das Industriezeitalter begann, zu stören begonnen. Wir holzen mehr Wälder ab, als nachwachsen, und wir verbrennen für unseren Energiebedarf große Mengen Erdöl und Erdgas: Diese Stoffe sind

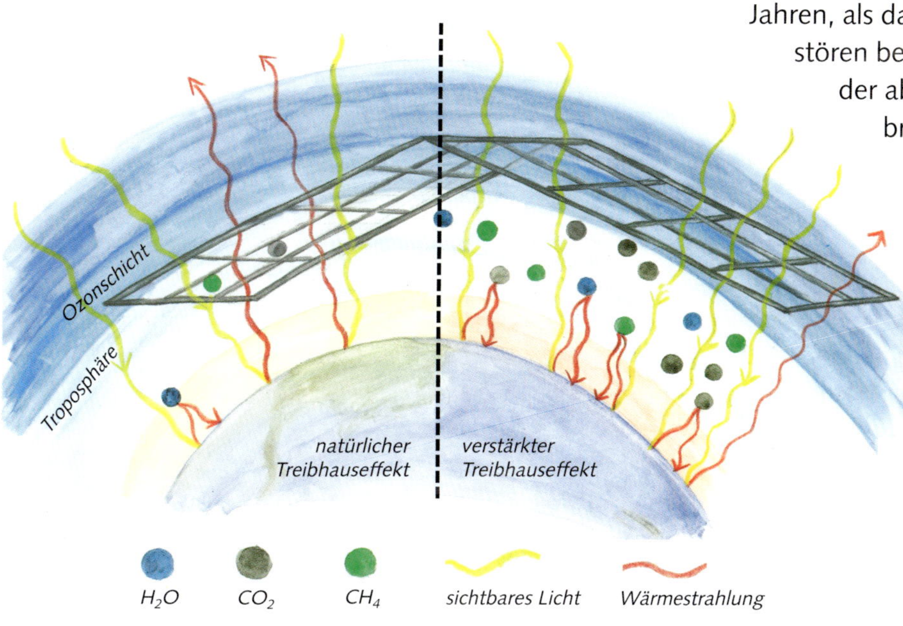

Beim natürlichen Treibhauseffekt (links) wird ein Teil der Wärme in der Atmosphäre zurückgehalten, ein anderer Teil strahlt in den Weltraum ab. So bleibt die Temperatur innerhalb der Erdatmosphäre im Gleichgewicht. Wenn sich der Treibhauseffekt verstärkt (rechts), halten die so genannten Treibhausgase mehr von der Wärmestrahlung in der Atmosphäre zurück. Die Troposphäre erwärmt sich.

nichts anderes als riesige Mengen von Pflanzen, die nach dem Absterben im Boden chemisch umgewandelt wurden. Das CO_2, das sie enthalten, steckte jahrmilliardenlang unschädlich im Öl und Gas unter der Erde. Jetzt gelangt es durch das Verbrennen in viel kürzerer Zeit – in wenigen Jahrzehnten – wieder in die Atmosphäre. So hat der Gehalt an CO_2 in der Atmosphäre seit dem Jahr 1880 um 25 % zugenommen. Damit verstärkt sich der Treibhauseffekt: Die untere Atmosphäre der Erde wird wärmer.

Nicht nur in unseren Alpen werden die Gletscher immer kleiner, sondern fast überall auf der Erde.

Komplizierte Zusammenhänge

Eine Veränderung der Durchschnittstemperatur auf der Erde beobachten die Forscher schon länger: In den letzten 100 Jahren ist sie um 0,5 °C angestiegen. Das hört sich zwar nach wenig an. Doch das Gleichgewicht der Natur ist ein kompliziertes, fein abgestimmtes System, bei dem schon winzigste Änderungen an einer Stelle große Folgen an einer anderen Stelle haben können. Einige Folgen des Treibhauseffekts spüren wir nämlich schon heute, z. B. das Abschmelzen des Gletschereises auf den Bergen. Die Alpengletscher etwa haben seit 1975 die Hälfte ihres Volumens verloren. Extremereignisse wie Stürme, Gewitter oder Hochwasser sind überall auf der Welt heftiger oder häufiger geworden. Diese richten auch mehr Schäden an. Und das alles nur durch 0,5 °C mehr …!

Dass die Durchschnittstemperatur durch den verstärkten Treibhauseffekt ansteigt, heißt aber nicht, dass es überall wärmer wird. Das Klimasystem ist viel komplizierter. Was genau und im Einzelnen passieren wird, wissen wir noch nicht, und in der Wissenschaft wird viel darüber geforscht und diskutiert. Denn das Klimasystem der Erde ist noch lange nicht in allen Einzelheiten erforscht. Ziemlich sicher ist z. B., dass durch das Abschmelzen der Pole und Gletscher mehr Süßwasser in die Ozeane gelangt, dadurch sinkt der Salzgehalt. Dies kann den Golfstrom verändern, und dann würde es in Westeuropa vermutlich eher kälter. Zugleich steigt der Meeresspiegel, sodass Küstengebiete unter Wasser gesetzt und unbewohnbar werden.

Ozonloch

Das Gas Ozon (O_3) befindet sich als dünne Schicht in der Stratosphäre, also in 20 – 30 km Höhe. Es hält den gefährlichen Anteil an UV-Strahlen der Sonne zurück und ist damit für uns lebenswichtig. Seit knapp 30 Jahren verdünnt sich die Ozonschicht über dem Südpol stark, seit etwa 10 Jahren auch über dem Nordpol. Dies ist das so genannte Ozonloch. Die Folgen sind eine verstärkte UV-Strahlung, und das bedeutet für uns Menschen eine größere Gefahr, an Hautkrebs zu erkranken. Auch Tiere und Pflanzen werden davon krank oder geschädigt – z. B. unsere Nahrungspflanzen, die dann nicht mehr richtig wachsen.

Ursache sind künstliche chemische Stoffe, die FCKW (Fluorchlorkohlenwasserstoffe), die für Sprays, Kühlmittel und Schaumstoffe verwendet werden. Sie wandern in die Atmosphäre und bauen dort das Ozon durch eine chemische Reaktion ab. Seit 1987 sind sie in vielen Ländern verboten, aber nicht in allen. Doch selbst wenn sie ab morgen weltweit überhaupt nicht mehr hergestellt würden, würde es noch ca. 30 – 50 Jahre dauern, bis die Ozonschicht wieder ganz hergestellt ist. Denn die FCKW sind sehr stabil und halten sich lange in der Atmosphäre.

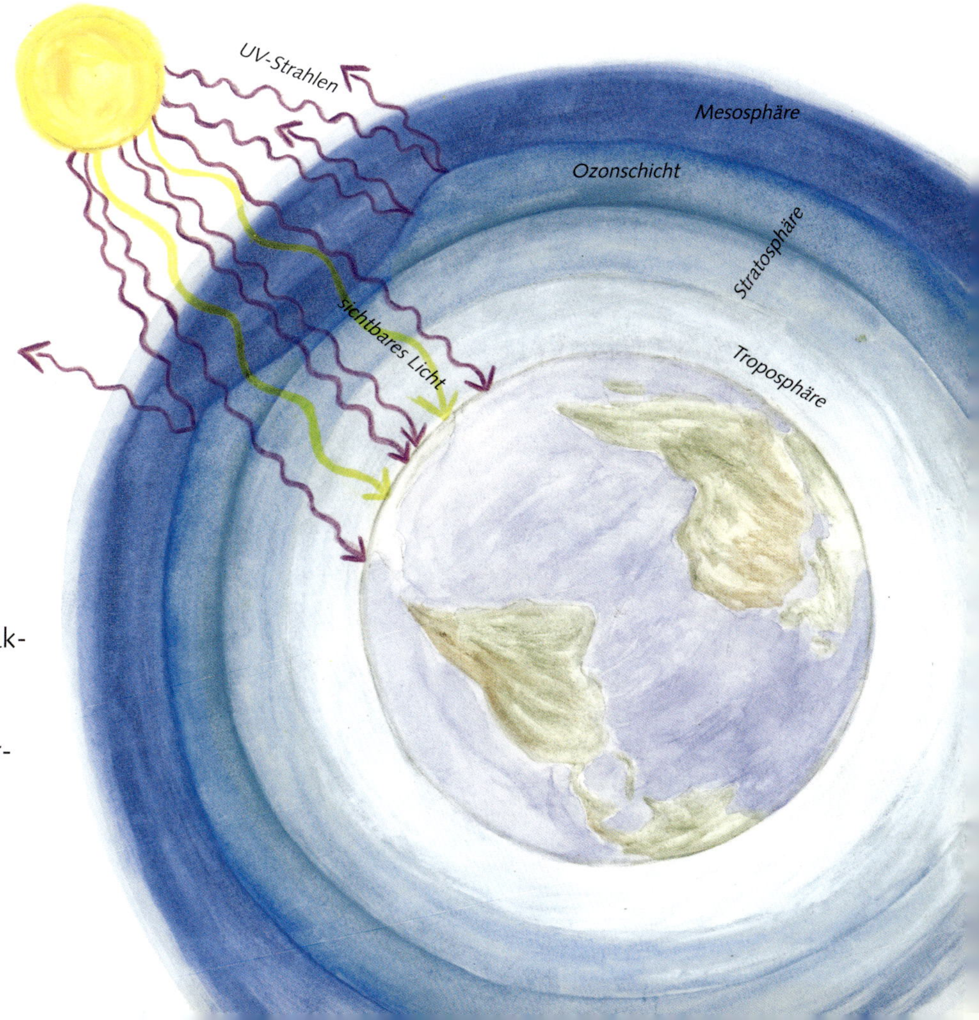

Je dünner die Ozonschicht in der Atmosphäre, desto mehr der für uns gefährlichen UV-Strahlen dringen bis auf die Erdoberfläche durch.

Regenwaldabholzung

Die riesigen tropischen Wälder sind die »grünen Lungen der Erde« und tragen zum Gleichgewicht des Weltklimas bei (Seite 6 – 13). Seit Jahrzehnten werden sie großflächig abgeholzt – nicht nur, um das Holz zu verwenden, sondern auch, um neue Ackerflächen und Weideflächen für große Viehherden zu schaffen.

Die tropischen Regenwälder bedecken ca. 7 % der Erdoberfläche. Doch darin wachsen und leben etwa die Hälfte aller auf der Erde vorkommenden Tier- und Pflanzenarten!

Ihr Verschwinden hat gleich mehrere Folgen: Das Gleichgewicht von Luft, Wasser, Wind und Temperatur am Äquator bricht zusammen – mit unabsehbaren Folgen für das Klima. Die freigelegten Böden sind dann schutzlos der Erosion (also der Abtragung des Bodens durch Wind und Wetter) ausgesetzt (siehe Seite 60). Dann ist kein Ackerbau mehr möglich. Und drittens wird der Treibhauseffekt (siehe Seite 75) weiter erhöht, weil die natürlichen CO_2-Speicher verschwinden.

Die »grünen Lungen« der Erde sind wichtig für das Weltklima.

Wie im Großen, so im Kleinen

Manche Naturkatastrophen, die nichts mit dem Weltklima zu tun haben, sind teilweise ebenfalls von uns beeinflusst. Denn auch kleine Eingriffe an der Natur können für uns Katastrophen zur Folge haben:

So schützt ein gesunder Bergwald vor Muren und Lawinen (siehe Seite 56 – 59). In manchen Regionen ist der Wald aber durch Schadstoffe aus Auto- und Industrieabgasen so geschädigt, dass wir vom Waldsterben sprechen. Die Begradigung von Flüssen ist eine der Ursachen für Hochwasserkatastrophen, den häufigsten Naturkatastrophen in Europa: Die eingeengten Flussbetten reichen nicht aus für größere Wassermengen nach starken Regenfällen. Dann funktioniert der Boden nicht mehr als Wasserfilter, der das Wasser aufnehmen und langsam wieder abgeben kann, sondern das Regenwasser fließt ungehindert in Bäche und Flüsse und bringt diese zum Überlaufen. Auch »normales« Hochwasser kommt dann viel schneller als sonst. Nur ein breites, natürliches Flussbett, wie wir es in natürlichen Auenlandschaften finden, kann die Wassermengen auffangen. Aber auch das zu starke Abholzen unserer Wälder, die immer stärkere Versiegelung des Bodens durch den Bau von Straßen und Industrieflächen sowie landwirtschaftliche Methoden, die den Boden schädigen, tragen dazu bei, dass der Boden als natürlicher Filter nicht mehr funktioniert.

Unsere Verantwortung für die Zukunft

Die Untersuchungen der Wetterereignisse und der Klimaentwicklung der letzten Jahre zeigen, dass wir immer öfter mit Extremwetter und wetterbedingten Naturkatastrophen rechnen müssen. Welcher genaue Anteil nun natürlich ist und welchen Anteil wir Menschen verursachen, wird man wohl nie genau herausfinden. Doch das ist auch nicht so wichtig, wenn es darum geht, eine Lösung zu finden – viel wichtiger ist, unseren Anteil zu verringern, ganz gleich, wie hoch er ist! Denn das größte Problem am Klimawandel ist: Noch nie lebten auf der Erde so viele Menschen wie heute. Viele Millionen Menschen wären betroffen, wenn z. B. durch eine Ausbreitung der Wüsten, ein Ansteigen des Meeresspiegels oder andere Katastrophen bestimmte Gebiete vielleicht eines Tages nicht mehr bewohnbar sind.

Es gibt eine ganze Menge Möglichkeiten, wir müssen sie nur nutzen! So werden mancherorts Flussabschnitte wieder zurückgebaut in ein natürliches, breites Flussbett, das Hochwassermassen auffangen kann. Dies nennt man Renaturierung. Immer mehr Menschen erkennen den Nutzen von alternativen (= regenerativen) Energieformen (siehe nächste Seite). Auch die Forschung befasst sich mit Möglichkeiten, klimaschädigende Technologien durch moderne, umweltfreundliche zu ersetzen. Was du als Einzelne oder Einzelner dazu beitragen kannst, liest du auf der nächsten Seite!

Was du zum Schutz des Klimas tun kannst

Bestimmte Extremereignisse haben natürliche Ursachen und gehören zum Wettergeschehen und zu den Abläufen auf der Erde dazu. Auf diese Dinge haben wir keinen Einfluss. Wir können uns nur durch Beobachtung, Vorhersagen, Warnsysteme und andere Maßnahmen vor Wetter- und Naturkatastrophen schützen. Doch wir können einiges dazu beitragen, unseren Anteil am Klimawandel zu verringern. Dazu gehört vor allem eine umweltfreundliche, energiesparende Lebensweise:

- **Weniger Auto fahren.** Und dafür mehr öffentliche Verkehrsmittel oder das Fahrrad benutzen. Bitte deine Eltern, gemeinsame Fahrten auch mal mit der Bahn oder dem Fahrrad zu unternehmen oder kürzere Strecken zu Fuß zu gehen. Das ist auch gesünder, als immer nur im Auto zu sitzen ... Der Straßenverkehr trägt am meisten zum Treibhauseffekt bei. Denn Benzin ist aus Erdöl hergestellt und setzt deshalb CO_2 frei. Bei Bussen und Bahnen ist der Energieverbrauch pro Person viel geringer als mit dem Auto.
- **Sparsam heizen.** Auch die Heizung in vielen Häusern funktioniert mit Erdöl oder Erdgas. Schon wenn du die Heizung im Winter in deinem Zimmer so zurückdrehst, dass die Temperatur nur um 1 °C zurückgeht (und dir dafür einen Pulli anziehst), frierst du noch lange nicht, aber sparst damit schon mehrere Liter Heizöl pro Jahr ein!
- **Achtsam und bewusst sein beim Energieverbrauch.** Ob Küchenmixer oder Rasenmäher – jedes Gerät, das mit Strom betrieben wird, braucht Energie. Jeder Energieverbrauch setzt CO_2 frei. Wir müssen deshalb nicht gleich auf alles verzichten. Doch wer mit offenen Augen und wachem Kopf durch die Welt geht, findet viele Möglichkeiten, wo wir auf eine Maschine verzichten und stattdessen etwas »von Hand« machen können! Manchmal kann man auch ein Gerät, das viel Strom verbraucht, durch eines ersetzen mit sparsamem Energieverbrauch.
- **Alternative Energien unterstützen.** Sprich mit deinen Eltern darüber! Statt Erdöl und Erdgas gibt es heute längst andere Möglichkeiten zur Energiegewinnung, die kein zusätzliches Kohlendioxid freisetzen und auch nicht so gefährlich sind wie die Atomkraft, z. B. Sonnenkraft, Windkraft, Wasserkraft oder Biomassekraftwerke. Besonders interessant sind die so genannten nachwachsenden Rohstoffe. Das sind Pflanzen wie Raps, Sonnenblumen oder Chinaschilf, die sich zu Treib- und Heizstoffen verarbeiten lassen. Die Menge CO_2, die beim Verbrauch frei wird, wird wieder eingebaut in diese »Energiepflanzen«, die nachwachsen – der CO_2-Kreislauf bleibt stabil.

- **Biologisch und umweltfreundlich hergestellte Produkte kaufen.** Ob Lebensmittel oder Kleider, Schreibwaren oder Kosmetik: Es gibt immer verschiedene Möglichkeiten, Produkte herzustellen, die mehr oder weniger Energie verbrauchen. Ein Joghurt, der in deiner Heimatregion hergestellt wurde, hat eine viel kürzere Transportstrecke hinter sich als einer, der (per Lastwagen!) von weiter weg kommt. Biologisch angebaute Lebensmittel werden so hergestellt, dass die Böden geschont werden und weniger Energie verbraucht wird. Sprich mit deinen Eltern darüber, wie deine Familie energiesparender einkaufen könnte!
- **Politiker in die Pflicht nehmen.** Auch Kinder dürfen in der Politik mitreden! Du kannst z. B. deinen Bürgermeister fragen, was er für die Umweltpolitik deiner Stadt oder Gemeinde tut. Eine Gemeinde kann z. B. ihre Schule mit einer Solaranlage ausstatten oder ihre Bauern bei der Umstellung auf biologische Landwirtschaft unterstützen.

Adressen für Aktive

Naturschutz- und Umweltverbände haben verschiedene Schwerpunkte, doch die meisten beschäftigen sich auch mit dem Klimaschutz. Viele haben Kinder- und Jugendgruppen, wo du dich mit Gleichgesinnten treffen und aktiv werden kannst. Eine Auswahl:

Pro Regenwald e. V.
Frohschammerstraße 14
80807 München
www.pro-regenwald.org
Mit Links zu anderen Regenwald-Organisationen

Greenpeace Deutschland e. V.
Große Elbestraße 39
22767 Hamburg
www.greenpeace.org und www.greenpeace.de

Bund für Umwelt- und Naturschutz Deutschland e. V. (BUND)
Am Köllnischen Park 1
10179 Berlin
www.bund.net

Naturschutzbund e. V. (NABU)
Herbert-Rabius-Straße 26
53225 Bonn
www.nabu.de

Interessante Internetadressen zum Wetter

www.wetter-online.de
www.donnerwetter.de
www.saevert.de

Mein Wettertagebuch

Diese Seite kannst du dir kopieren, um langfristige Wetterbeobachtungen aufzuzeichnen:

 Datum Uhrzeit	 Himmel Wolken	 Temperatur	 Luftdruck	 Regen Von wann bis wann? Wie viel?

Datum Uhrzeit	Himmel Wolken	Temperatur	Luftdruck	Regen Von wann bis wann? Wie viel?

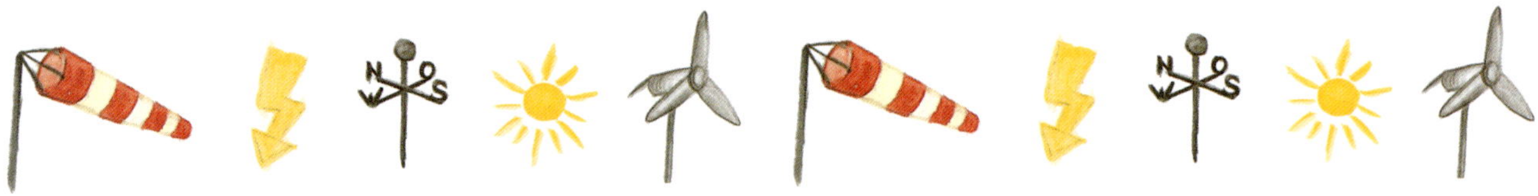

Erklärung der Fachausdrücke

Absorption: wörtlich heißt das Aufnahme oder Aufsaugen – z. B. nimmt eine bestimmte Oberfläche einen Teil der Sonnenstrahlen auf, sie absorbiert sie

Aggregatzustand: die Form, in der Wasser (oder ein anderer Stoff) vorkommen kann, nämlich fest, flüssig oder gasförmig

Atmosphäre: die Gashülle um einen Planeten, die Lufthülle um die Erde

Beaufort-Skala: Skala für die Windstärken, benannt nach dem Forscher Sir Francis Beaufort, der sie 1806 entwickelte (Maßeinheit: Beaufort, abgekürzt bft)

Bö: heftiger Windstoß (Mehrzahl: Böen)

Corioliskraft: Kraft, die auf etwas einwirkt, das sich in einem sich drehenden System bewegt, und die Bewegung dadurch in eine bestimmte Richtung ablenkt – z. B. den Wind um die Tiefdrucksysteme in der Atmosphäre der sich drehenden Erde; benannt nach dem Physiker Gaspard Gustave de Coriolis (1792 – 1843)

Desertifikation: Ausbreitung der Wüstengebiete auf der Erde

Erdkruste: Äußerste, feste Schicht der Erde. Sie setzt sich aus den → Kontinentalplatten zusammen.

Erdmantel: die unter der → Erdkruste liegende Schicht, die fest bis zähflüssig ist

Erdrotation: die Drehung der Erde um sich selbst

Erosion: Abtragung der Erdoberfläche (z. B. Erde, Boden, Fels) durch Wind, Wasser, Temperatur und andere Wettereinflüsse

Evakuierung: Wörtlich: ausleeren, leer machen. Bei Gefahr evakuiert man eine Stadt oder ein Haus, d. h., man bringt die Bewohner von dort weg an einen sicheren Ort.

Extremereignis: sehr heftiges Wettergeschehen – z. B. starker Sturm, heftiges Gewitter –, das aber zum normalen natürlichen Geschehen gehört und noch keine Naturkatastrophe ist

Front: Grenzlinie eines Luftmassenpaketes; man unterscheidet Warmfront = Grenze einer Warmluftmasse, und Kaltfront = Grenze einer Kaltluftmasse

Fujita-Skala: Skala für die Stärke von Tornados, benannt nach dem Meteorologen Prof. Theodor Fujita (1920 – 1998), der an der Universität von Chicago forschte

Großwetterlage: Gesamtwetter-Situation über einem größeren Raum, z. B. ein stabiles Hoch über Mitteleuropa oder ein Sturmtief über den Britischen Inseln

Hauptwindrichtung: Die Richtung, aus der der Wind am häufigsten weht. Bei uns in Mitteleuropa ist das Westen.

Hemisphäre: Erdhalbkugel; wir unterscheiden die Nord- und die Südhemisphäre

Hoch: großes Luftmassenpaket mit hohem Luftdruck

Jetstream: siehe Strahlstrom

Kaltfront: Grenze eines kalten Luftpakets

Klimagase: Gase, die für den → Treibhauseffekt verantwortlich gemacht werden (auch: Treibhausgase)

Klimazone: Gebiet in einem Abschnitt der Erde (zwischen zwei bestimmten Breitengraden), in dem ein typisches Klima vorherrscht und eine bestimmte, typische → Vegetation wächst

Kondensation: Umwandlung von gasförmigem Wasserdampf in flüssiges Wasser. Wasserdampf kondensiert, wenn die Temperatur den Siedepunkt unterschreitet.

Kontinentalplatten: Einzelteile der → Erdkruste, die auf dem → Erdmantel aufschwimmt

Luftdruck: Druck, den die Luft auf Körper oder Gegenstände ausübt (für uns nicht direkt wahrnehmbar). Er ist abhängig von der Höhe über dem Meeresspiegel, d. h. von der Höhe in der Atmosphäre, und von der Temperatur und damit der Dichte bzw. Schwere der Luft (Maßeinheit: Hektopascal = hPa oder Millibar = mbar).

Meteorologie: Wissenschaft von der Erdatmosphäre und dem sich darin abspielenden Wetter (zu Deutsch: Wetterkunde)

Monokultur: Anbau einer einzigen Pflanzenart auf einer riesigen Fläche. Dies fördert häufig die → Erosion des Bodens.

Pegel: Wasserstand an einem Fluss

Okklusion: Zone, in der sich → Warmfront und → Kaltfront mischen

Ozon: Gas in 20 – 30 km Höhe, das die → UV-Strahlen der Sonne zum großen Teil zurückhält. Wo diese Schicht zu dünn ist, sodass die UV-Strahlen durchdringen können, sprechen wir vom **Ozonloch**.

Permafrostboden: Boden, der dauerhaft gefroren ist und höchstens im Sommer in den obersten Schichten antaut. Permafrostböden gibt es in der kalt-gemäßigten Klimazone (z. B. sibirische Tundra), aber auch in den Hochgebirgen wärmerer Klimazonen.

Phänomen: Wörtlich: Erscheinung. Beim Wetter bedeutet Phänomen ein besonderes Wettergeschehen, das nur unter bestimmten Umständen passiert, z. B. Regenbogen, Polarlicht.

Prognose: Voraussage, Vorhersage; beruht entweder auf Schätzungen und Vermutungen oder, wie bei der Wettervorhersage, auf wissenschaftlich gesicherten Modellberechnungen

Reflexion: Zurückwerfen von Licht, Schallwellen oder anderen Strahlen oder Wellen. Ein großer Teil der → UV-Strahlen der Sonne z. B. wird von der Atmosphäre zurück in den Weltaum reflektiert.

Relief: Oberflächenbeschaffenheit der Erde, z. B. eine flache Wüste oder ein hohes Gebirge

Richter-Skala: Skala für die Stärke von Erdbeben, benannt nach Charles Francis Richter, der sie zusammen mit Beno Gutenberg im Jahr 1935 entwickelte. Eine Erhöhung auf der Richter-Skala um einen Punkt bedeutet einen 10-fach höheren Ausschlag des Messgeräts, aber eine 32-fache Erhöhung der Energie des Erdstoßes!

Saffir-Simpson-Skala: Skala für die Stärke von Hurrikans, benannt nach den amerikanischen Forschern Herbert Saffir und Robert Simpson, die sie Anfang der 1970er Jahre entwickelten

Spektralfarben: die natürlichen Farben, die das Sonnenlicht enthält und die für unsere Augen erst durch → Reflexion der Sonnenstrahlen sichtbar werden

Strahlstrom: sehr starker Wind (400 – 600 km/h), der in Form eines Bands (mehrere 100 km breit, mehrere 1000 km lang und nur 100 bis 2000 m hoch) in großer Höhe in der Erdatmosphäre stets in westlicher Richtung weht

Subduktionszone: Bereich, in dem die → Kontinentalplatten der → Erdkruste zusammenstoßen, wobei sich eine Platte unter die andere schiebt. An den Subduktionszonen entstehen besonders viele Vulkane und Erdbeben.

Tief: großes Luftmassenpaket mit niedrigem Luftdruck

Treibhauseffekt: steigende Erwärmung der Erde durch die Anreicherung bestimmter Gase (vor allem CO_2 und Methan), die die Wärmestrahlung der Sonne in der Atmosphäre festhalten und nicht in einem Gleichgewichtssystem an den Weltraum abgeben

Turbulenz: ungeordnete, wirbelartige Luftströmungen

UV-Strahlen: Anteil der Sonnenstrahlen mit besonders hoher Energie, der auf Lebewesen schädlich oder tödlich wirkt (genauer: Ultraviolett-Strahlen, wissenschaftlich: kurzwelliges Licht)

Vegetation: Gesamtheit an Pflanzen, die in einem Gebiet am häufigsten wachsen

Warmfront: Grenze eines warmen Luftpakets

Windwurf: Schaden im Wald durch entwurzelte und umgeknickte Bäume nach einem Sturmereignis

Register

Lösungen

Lösung zu S. 36: Der Schatten ist an beiden Tagen gleich! Der 21. März ist die Frühjahrstagundnachtgleiche, der 21. September die Herbsttagundnachtgleiche.

Lösung zu S. 68: In der Antarktis.

Information

Beobachtung

Experiment nur unter Aufsicht eines Erwachsenen durchführen.

Basteln, Spielen, Aktionen

Bibliografische Information Der Deutschen Bibliothek

Die Deutsche Bibliothek verzeichnet diese Publikation in der Deutschen Nationalbibliografie; detaillierte bibliografische Daten sind im Internet über http://dnb.ddb.de abrufbar.

5 4 3 2 1   10 09 08 07

Text: Eva Wagner
Illustrationen: Sonia Schadwinkel
Fotos: Antje Kuhlmeier, Romy Gallina, Rudolf Gallina, Sibylle Lehmann, Jennifer Schladt, Ina Schumacher, Eva Wagner
Gutachten: Johannes Werhahn

ISBN 978-3-7607-1564-3

www.arsedition.de